高等职业教育安全保卫专业群规划教材
北京市职业教育分级制改革试验项目成果

建筑防烟排烟技术与应用

主　编　张卢妍

中国人民公安大学出版社
·北　京·

图书在版编目（CIP）数据

建筑防烟排烟技术与应用／张卢妍主编 . —北京：中国人民公安大学出版社，2020. 8
高等职业教育安全保卫专业群规划教材
ISBN 978 – 7 – 5653 – 4045 – 1
Ⅰ. ①建…　Ⅱ. ①张…　Ⅲ. ①建筑物—防排烟—高等职业教育—教材
Ⅳ. ①TU761. 1
中国版本图书馆 CIP 数据核字（2020）第 165907 号

建筑防烟排烟技术与应用

张卢妍　主编

出版发行：	中国人民公安大学出版社
地　　址：	北京市西城区木樨地南里
邮政编码：	100038
经　　销：	新华书店
印　　刷：	天津嘉恒印务有限公司

版　　次：2020 年 9 月第 1 版
印　　次：2023 年 7 月第 3 次
印　　张：11
开　　本：787 毫米 × 1092 毫米　1/16
字　　数：245 千字

书　　号：ISBN 978 – 7 – 5653 – 4045 – 1
定　　价：38. 00 元

网　　址：www. cppsup. com. cn　　www. porclub. com. cn
电子邮箱：zbs@ cppsup. com　　zbs@ cppsu. edu. cn

营销中心电话：010 – 83903254
读者服务部电话（门市）：010 – 83903257
警官读者俱乐部电话（网购、邮购）：010 – 83903253
教材分社电话：010 – 83903259

高等职业教育安全保卫专业群规划教材

编审委员会

建筑防烟排烟技术与应用

主　编：张卢妍

副主编：王　磊　迟玉娟

撰稿人：（按姓氏笔画排序）

　　　　王　磊　迟玉娟　张卢妍

作者简介

张卢妍，女，中国矿业大学（北京）安全工程专业工学硕士，北京政法职业学院消防工程专业专任教师。主要从事消防管理、火灾预防和防烟排烟技术的教学与科研工作。主持完成院级教改课题"《消防管理实务》课程仿真实训教学改革"1项，主持的"初起火灾处置"课堂教学项目获得2015年北京市高等职业院校信息化教学大赛课堂教学二等奖，主持的"点型感烟火灾探测器的维护保养"课堂教学项目获得2018年北京市职业院校教学能力比赛——高职组课堂教学比赛三等奖。出版专著《火灾预防与救助》1部，副主编教材《消防安全管理实务》1部，在国内外专业刊物发表《住宅火灾的特点及逃生方法》、《信息化教学设计在〈初起火灾处置〉课程中的探索与实践》等论文10余篇，其中第一作者6篇。

前　言

　　随着经济社会的快速发展，火灾给人类的生命财产安全带来了巨大的风险。火灾中烟气是燃烧过程中最重要的产物之一，除极少数情况外，几乎所有火灾都会产生大量的热和有毒烟气，同时消耗大量的氧气。高温烟气不但会加速火灾的蔓延，而且由于烟气中含有大量的一氧化碳、氰化氢等有毒气体，对人体伤害极大，致死率高；高温缺氧的环境也会对人体造成巨大伤害；烟气有遮光作用，降低了火场能见度，会对疏散和救援行动形成非常大的障碍。因此，建筑物内合理地设置防烟和排烟系统并进行定期的维护保养，对及时排除烟气，保障建筑物内人员的安全疏散和消防救援的展开有着非常重要的意义。

　　本书共分九章，主要内容包括：建筑防烟排烟系统基础知识、火灾烟气的组成与危害、火灾烟气的特性与流动规律、自然通风与自然排烟的相关要求、机械加压送风系统的相关要求、机械排烟系统的相关要求、防烟排烟系统控制、防烟排烟系统施工与调试、防烟排烟系统验收与维护管理和常用的防烟排烟系统消防检测仪器等。在每章内容后设置了复习思考题，题目多来自近几年全国注册消防工程师资格考试的相关真题，以巩固学生专业理论知识。在部分章节后设置了技能实训内容，与防烟排烟设施的维护保养管理密切相关，以提高学生实践动手能力。

　　本书既可作为高等院校消防工程专业的教学用书，也可作为建筑、安全等专业的参考教材及工程设计、施工、监理等工程技术及管理人员的参考用书。

　　本书由张卢妍编写第一章（第一节、第二节和第四节）、第二章、第四章、第六章、第七章以及全书的复习思考题和实训内容；王磊编写第三章、第五章和第九章；迟玉娟编写第一章（第三节）、第八章。全书由张卢妍统稿。

　　在本书的编写过程中，依据国家标准《建筑防烟排烟系统技术标准》，参阅了国内外学者、同行的相关著作和文献资料，引用了部分工程实例，得到了许多同行专家的支持和帮助，在此表示由衷的敬意和感谢！

　　由于编者水平有限，书中难免有疏漏之处，恳请广大读者批评指正。

编者
2020 年 7 月

目　　录

第一章　建筑防烟排烟系统基础知识

本章学习目标

1. 了解建筑防烟排烟系统的目的和意义。
2. 掌握防烟和排烟方式的分类。
3. 了解常用的建筑消防术语。
4. 了解防火分区面积划分应考虑的因素和常用的防火分区分隔构件。
5. 掌握防烟分区的概念、划分方法，以及挡烟垂壁的设置要求。

第一节　建筑防烟排烟系统概述

一、建筑防烟排烟系统的重要性

【案例】深圳舞王俱乐部特大火灾①：2008 年 9 月 20 日 23 时许，深圳市龙岗区龙岗街道龙东社区舞王俱乐部发生一起特大火灾，事故共造成 44 人死亡、88 人受伤、直接经济损失 1589.76 万元人民币。

（1）起火单位基本情况。舞王俱乐部位于深圳市龙岗区龙岗街道龙东村综合楼三至五层，经营场所为一间演艺大厅和 10 间包房，面积共约 $1000m^2$，可容纳 380 人左右。

（2）起火简要经过及初期火灾处置情况。事发时，俱乐部内有数百人正在喝酒看歌舞表演，火灾是由于 23 时该俱乐部员工王某在演艺大厅表演节目时，使用自制道具手枪发射烟花弹，引燃天花板聚氨酯泡沫塑料所致。

在舞台表演过程中，演员使用道具枪 15 秒后有观众发现起火，30 秒后火势迅速蔓延，浓烟迅速笼罩整个大厅，1 分钟后全场断电，许多进入该场所消费的人员还没反应过来，就已经被困在黑暗和有毒烟雾的包围之中。

火灾初期，工作人员虽然用手提式干粉灭火器进行灭火，启动了自动灭火设施，但均未能有效控制火势，大火迅速蔓延，产生大量浓烟和毒气，楼层随即断电，排烟设施失效，致使能见度在强光灯照射下不足 1m。

（3）火灾原因分析。

①舞王俱乐部采用了大量吸声海绵装修，海绵属于聚氨酯合成材料，燃点低、发烟大、燃烧产物毒性强。聚氨酯属于易燃材料，燃烧时产生大量的一氧化碳、二氧化碳、氰化氢、

---

① 火灾资料来源于网络：https://baijiahao.baidu.com/s?id=1652693323925867909&wfr=spider&for=pc。

甲醛等，给火场被困人员造成了致命的危险，也给消防救援人员形成了严重的障碍。

②起火点位于舞王俱乐部 3 楼，现场有一条长约 10m 的狭窄过道。由于应急灯配置严重不足，加上疏散通道狭窄复杂，大厅玻璃镜墙反光，误导了逃生路线。事故发生时，在场观看表演的顾客和工作人员近 500 人，现场人员逃出时，过道上十分拥挤，由于缺乏及时有效的组织引导，造成顾客心理极度恐慌，无法及时找到疏散出口，进而出现互相拥挤和踩踏，造成惨剧。

火给人类带来文明、光明、温暖的同时，也会给人类的生命财产带来巨大的损失。从我国的火灾统计数据看，基本上每年全国发生火灾 10 万余起，死伤数千人。烟气是火灾燃烧过程中一项重要的产物，除极少数情况外，几乎所有火灾都会产生大量的热和有毒烟气，同时消耗大量的氧气。高温烟气不但加速了火灾的蔓延，而且烟气中含有的一氧化碳、二氧化碳、氟化氢、氯化氢等多种有毒有害成分，对人体伤害极大，致死率高；高温缺氧也会对人体造成很大伤害。另外，烟气有遮光作用，降低了火场能见度，这对疏散和救援行动造成很大的障碍。因此，火灾时，如何有效地控制火灾烟气的流动，对保证人员安全疏散以及灭火救援行动的展开起着重要作用。如果能合理地排烟排热，对防止建筑物火灾的轰燃、保护建筑也是十分有效的一种技术措施。

建筑中设置防烟排烟系统的作用是将火灾产生的烟气及时排除，防止和延缓烟气扩散，保证疏散通道不受烟气侵害，确保建筑物内人员顺利疏散、安全避难。同时，将火灾现场的烟和热量及时排除，以减弱火势的蔓延，为火灾扑救创造有利条件。

二、机械防烟排烟技术的发展简要

机械防烟排烟技术最早起源于 20 世纪 50 年代的英国，国际上是从 20 世纪 60 年代开始研究，70 年代采用，80 年代开始广泛应用，80 年代初加拿大国家研究院建造了世界上首座高层建筑火灾试验塔，主要进行高层建筑的机械防烟排烟研究，因而，北美成为全世界机械防烟排烟的研究中心之一。机械防烟排烟技术非常适用于多层大型建筑（如购物中心）、高层建筑、地下建筑、无窗建筑，如世界最高双塔建筑马来西亚吉隆坡的石油双塔采用了机械正压送风和排烟的烟控方式，它可以不受建筑结构形式的限制和环境、气象条件的影响。该系统需要配备与其功能相适应的风口、风阀、送风排烟管道、风机和启闭联动系统等，试验研究和实际火灾证明其防烟排烟效果非常好，对保证疏散通道安全，协助消防队员扑灭火灾起到了非常重要的作用。

现在绝大部分高层建筑、地下商业建筑都采用机械防烟排烟技术作为主要的消防安全措施。由于中庭式建筑在 20 世纪 80 年代被建筑师们越来越多地采用，20 世纪 90 年代中庭及大空间建筑的防烟排烟问题受到重视，在这些建筑中专家们开始倾向采用机械防烟排烟技术。从美国暖通工程师协会（ASHRAE）的在研项目看，中庭及大空间建筑的防烟排烟是其工作的重点。

近年来国际上在机械防烟排烟技术方面主要的工作有：（1）火灾烟气运动规律及其数学模化研究。美国、加拿大、日本、英国、澳大利亚以及北欧等国都在广泛开展火灾烟气运动规律的研究。烟气流动特性和规律是防烟排烟的理论基础，根据流体力学的原理，烟气运动的计算机数学模化研究也正在深入，以前是以区域和网络模型为主，国外已开发出十几个模型或程序，如加拿大的 IRC、日本的 BRI，并不断改进其程序或更新版本。随着计算机技术的飞速发展，今后将更多开发以场模化、虚拟现实技术、三维动态仿真的模化软件。（2）防烟排烟系统的性能化设计和评估。传统的机械防烟排烟设计方法只是为了满足现有规范的要求，各国规范采用技术指标又很不一致，实际工程中很难达到某些要求。目前国外有些国家已开始对防烟排烟系统按性能化的原理进行设计，如考虑安全目标、设计火灾场景、疏散分析等，防烟排烟的性能化设计研究为性能化规范的研究奠定了基础。（3）防烟排烟系统技术参数和设备。对高层建筑、地下建筑、大空间建筑的防烟排烟系统技术参数的研究还有许多空白点，现有参数的试验研究依据不足，主要围绕送风压力、排烟量、风口设置、防烟排烟区域、开口与泄漏特征进行研究。防烟排烟设备主要是研制新型风阀、新型管道材料及管道防火保护材料、高温风机。

　　我国的机械防烟排烟技术研究虽然在 20 世纪 80 年代中期才开始起步，但近年来发展很快，特别是在"八五""九五"期间对高层建筑楼梯间和地下商业街的控烟技术及烟气流动特性进行了大量的研究，取得了一些重大成果，为有关规范的制定修订和工程防烟排烟设计提供了可靠的技术依据，建立了有较高水平的一些大型实验设施，如世界上规模最大的高层建筑火灾试验塔（在四川所），地下商业街和商场火灾试验室（在四川所、天津所），大空间火灾试验馆（在中国科技大学）等，而且也使我们比较深刻地了解和认识了火灾中烟气的运动特性及其可能产生的危害。

三、建筑防烟排烟系统的概念

　　建筑物某区域一旦发生火灾，烟气将迅速充满该区域而使其成为有烟区，建筑物其他区域暂时为无烟区。如何使着火区域中产生的烟气量尽可能少，并防止烟气从有烟区向无烟区蔓延扩散；如何将有烟区中的烟气尽快地排到大气中去，这是建筑防烟排烟设计需要解决的问题。前者是防烟的问题，后者是排烟的问题。防烟和排烟两者的最终目的一致，都是为确保建筑内人员安全疏散和消防队员灭火提供条件，最大限度地减少火灾造成的损失。防烟和排烟常常紧密联系，不可分割，故称为防排烟。所以，我们说建筑防排烟系统是建筑物内设置的用以控制烟气运动，防止火灾初期烟气蔓延扩散，确保室内人员安全疏散和安全避难并为消防救援创造有利条件的防烟系统和排烟系统的总称。

　　1. 建筑防烟系统。通过采用自然通风方式，防止火灾烟气在楼梯间、前室、避难层（间）等空间内积聚，或通过采用机械加压送风方式阻止火灾烟气侵入楼梯间、前室、避难层（间）等空间的系统，防烟系统分为自然通风系统和机械加压送风系统。

　　总结国内外的实践经验，防烟方式归纳起来有非燃化防烟、密闭防烟、阻碍防烟和机械防烟四种方法。

　　（1）非燃化防烟。所谓非燃化，是指建筑材料、室内家具材料、各种管道及其保温绝热材料等尽可能采用非燃材料或难燃材料制成，从而把火灾烟气的生成量降到最低限度。非燃材料的特点是不易燃烧且发烟量很少，所以非燃材料可使火灾时产生的烟气量大大减少，烟气光学浓度大大降低。

　　关于非燃化问题，各国都制定了专门的法规或规范。例如，我国现行《建筑设计防火规范（2018 年版）》（GB 50016—2014）对建筑构件的燃烧性能作了明确规定，现行《建筑内部装修设计防火规范》（GB 50222—2017）对装修材料的燃烧性能作了明确规定。特别是对那些大型复杂建筑、多功能建筑、地下建筑等场所，要求非常严格。

不仅建筑材料及内部装修材料等要非燃化，而且还要考虑建筑物内存放的衣物、书籍等易燃物品收藏方式的非燃化。通常的做法是把易燃物品存放在专门设计的非燃或难燃材料制作的壁橱、钢橱等橱框中。当采用非燃化材料和非燃化设计的建筑物发生火灾时，建筑物本身及室内家具、物品等燃烧所产生的烟气量可减少。

（2）密闭防烟。密闭防烟的基本原理是采用耐火性和密封性较好的围护结构将房间封闭起来，并对进出房间的气流加以控制。房间一旦起火，可杜绝新鲜的空气流入，使着火房间内的燃烧因缺氧而自行熄灭，从而达到防烟灭火的目的。

这种方式一般适用于防火分区分得很细的住宅、公寓、旅馆等，并优先用在容易发生火灾的房间，如厨房等。密闭防烟的优点是不需要动力，而且效果很好。缺点是门窗等经常处于关闭状态，使用不方便，而且发生火灾时，如果房间内有人需要疏散，房门打开时将引起漏烟。

（3）阻碍防烟。在烟气扩散流动的路线上设置各种阻碍，以防止烟气继续扩散的方式称为阻碍防烟。这种方式常常用在烟气控制区域的交界处，有时在同一区域内也采用。阻碍防烟的具体措施很多，防火卷帘、防火门、防火阀、挡烟垂壁等都是这种阻碍结构。

（4）机械防烟。在建筑物发生火灾时，对着火区以外的区域进行加压送风，使其保持一定的正压，以防止烟气侵入的防烟方式称为机械防烟或加压防烟。机械防烟方式的优点是能有效地防止烟气侵入所控制的区域，并且由于送入大量的新鲜空气，特别适合于作为疏散通道的楼梯间及其前室的防烟。

2. 建筑排烟系统。排烟系统，是指采用自然排烟或机械排烟的方式，将房间、走道等空间的火灾烟气排至建筑物外的系统，排烟方式主要有两种：一是充分利用建筑物的结构进行自然排烟；二是利用机械排烟装置进行机械排烟。

（1）自然排烟。自然排烟是利用火灾产生的热烟气浮力和外部风力的作用，通过建筑物的对外开口把烟气排至室外的排烟方式，其实质是热烟气和冷空气的对流运动。在自然排烟中，必须有冷空气的进入口和热烟气的排出口。烟气的排出口可以是建筑物的外窗，也可以是专门设置在侧墙上部的排烟口。

（2）机械排烟。机械排烟是利用排烟风机把着火区域产生的烟气通过排烟口，沿着排烟管道将烟气排到室外的排烟方式。在火灾发展初期，这种排烟方式能使着火房间压力下降，造成负压，烟气不会向其他区域扩散。根据补风方式的不同，机械排烟系统可分为机械排烟——自然补风方式、机械排烟——机械补风方式。

机械排烟——自然补风方式，需要在排烟房间的上部安装排烟风机，风机启动后会使排烟口处形成负压，从而使烟气排出室外。而房间的门、窗等开口便成为新鲜空气的补入口。使用这种方式需要在排烟口附近造成相当大的负压，否则难以将烟气吸过来。如果负压程度不够，在室内远离排烟口区域的烟气往往无法排出。若烟气生成量较大，烟气仍然会沿着门窗上部蔓延出去。另外，由于排烟风机直接接触高温烟气，所以应能耐高温，同时还应当在排烟管道中安装排烟防火阀，以防止烟气温度过高而损坏风机。这种排烟方式的设计和安装都比较方便，因此是目前采用最多的机械排烟方式。

机械排烟——机械补风方式，同样在需要排烟房间的上部安装排烟风机进行排烟，补风则利用机械送风风机进行机械送风，通常送风量要小于排烟量，补风风机的送风量一般为排烟风机排烟量的 50%，即让房间内保持一定的负压，从而防止烟气的外溢或渗漏。这种机械排烟方式的防排烟效果最好，运行稳定，且不受外界气候状况的影响；缺点是由于使用了两套风机，其造价偏高，且在风压的配合方面需要精心的设计，否则难以达到预期的排烟效果。

第二节 常用的建筑消防术语及符号

一、常用的建筑消防术语

1. 建筑分类。建筑一词，既表示建筑工程的建筑活动，同时又表示这种活动的成果——建筑物。建筑也是一个统称，通常我们将供人们生活、学习、工作、居住以及从事生产和各种文化、社会活动的房屋称为建筑物，如住宅、学校、影剧院等；而人们不在其中生产、生活的建筑，叫作"构筑物"，如水塔、烟囱、堤坝等。建筑物可以有多种分类，按其使用性质分为民用建筑、工业建筑和农业建筑；按其结构形式可分为木结构、砖木结构、钢结构、钢筋混凝土结构建筑等。这里我们主要介绍按照使用性质的分类方法。

（1）民用建筑。按使用功能和建筑高度，民用建筑的分类见表 1-1。

表 1-1 民用建筑的分类

名称	高层民用建筑		单、多层民用建筑
	一类	二类	
住宅建筑	建筑高度大于 54m 的住宅建筑（包括设置商业服务网点的住宅建筑）	建筑高度大于 27m，但不大于 54m 的住宅建筑（包括设置商业服务网点的住宅建筑）	建筑高度不大于 27m 的住宅建筑（包括设置商业服务网点的住宅建筑）
公共建筑	1. 建筑高度大于 50m 的公共建筑 2. 建筑高度 24m 以上部分任一楼层建筑面积大于 1000m² 的商店、展览、电信、邮政、财贸金融建筑和其他多种功能组合的建筑 3. 医疗建筑、重要公共建筑、独立建造的老年人照料设施 4. 省级及以上的广播电视和防灾指挥调度建筑、网局级和省级电力调度建筑 5. 藏书超过 100 万册的图书馆、书库	除一类高层公共建筑外的其他高层公共建筑	1. 建筑高度大于 24m 的单层公共建筑 2. 建筑高度不大于 24m 的其他公共建筑

注：表中未列入的建筑，其类别应根据本表类比确定。

表 1-1 中，住宅建筑是指供单身或家庭成员短期或长期居住使用的建筑。公共建筑是指供人们进行各种公共活动的建筑，包括教育、办公、科研、文化、商业、服务、体育、医疗、交通、纪念、园林、综合类建筑等。

（2）工业建筑，是指工业生产性建筑，如主要生产厂房、辅助生产厂房等。工业建筑按照使用性质的不同，分为加工、生产类厂房和仓储类库房两大类，厂房和仓库又按其生产或储存物质的性质进行分类。

（3）农业建筑，是指农副产业生产建筑，主要有暖棚、牲畜饲养场、蚕房、烤烟房、粮仓等。

2. 疏散走道与避难走道。

（1）疏散走道。疏散走道是指发生火灾时，建筑内人员从火灾现场逃往安全场所的通道。疏散走道的设置应保证逃离火场的人员进入走道后能顺利地继续通行至楼梯间，到达安全地带。

疏散走道的布置应满足以下要求：

①走道应简捷，并按规定设置疏散指示标志和诱导灯。

②在 1.8m 高度内不宜设置管道、门垛等突出物，走道中的门应向疏散方向开启。

③尽量避免设置袋形走道。

④疏散走道的宽度应符合表 1-2 的要求。办公建筑的疏散走道最小净宽应满足表 1-3 的要求。

⑤疏散走道在防火分区处应设置常开甲级防火门。

表 1-2 疏散走道的每百人净宽度 （单位：m）

建筑层数		耐火等级		
		一、二级	三级	四级
地上楼层	1~2 层	0.65	0.75	1.00
	3 层	0.75	1.00	—
	≥4 层	1.00	1.25	—
地下楼层	与地面出入口地面的高差≤10m	0.75	—	—
	与地面出入口地面的高差>10m	1.00	—	—

表 1-3 办公建筑的疏散走道最小净宽 （单位：m）

走道长度	走道净宽	
	单面布房	双面布房
≤40	1.30	1.50
>40	1.50	1.80

（2）避难走道。避难走道是指采取防烟措施且两侧设置耐火极限不低于 3h 的防火隔墙，用于人员安全通行至室外的走道。

避难走道的设置应符合下列规定：

①走道楼板的耐火极限不应低于 1.5h。

②走道直通地面的出口不应少于 2 个，并应设置在不同方向；当走道仅与一个防火分区相通且该防火分区至少有 1 个直通室外的安全出口时，可设置 1 个直通地面的出口；任一防火分区通向避难走道的门至该避难走道最近直通地面的出口的距离不应大于 60m。

③走道的净宽度不应小于任一防火分区通向走道的设计疏散总净宽度。

④走道内部装修材料的燃烧性能应为 A 级。

⑤防火分区至避难走道入口处应设置防烟前室，前室的使用面积不应小于 $6m^2$，开向前室的门应采用甲级防火门，前室开向避难走道的门应采用乙级防火门。

⑥走道内应设置消火栓、消防应急照明、应急广播和消防专线电话。

3. 疏散楼梯与楼梯间。当建筑物发生火灾时，普通电梯没有采取有效的防火防烟措施，且供电中断，一般会停止运行，上部楼层的人员只有通过楼梯才能疏散到建筑物的外边，因此楼梯成为最主要的垂直疏散设施。根据防火要求可分为敞开楼梯间、封闭楼梯间、防烟楼梯间、室外疏散楼梯及剪刀楼梯。

（1）敞开楼梯间。敞开楼梯间是低、多层建筑常用的基本形式，也称普通楼梯间。该楼梯的典型特征是，楼梯与走廊或大厅都是敞开在建筑物内，在发生火灾时不能阻挡烟气进入，而且可能成为向其他楼层蔓延的主要通道。敞开楼梯间安全可靠程度不大，但使用方便、经济，适用于低、多层的居住建筑和公共建筑中。

（2）封闭楼梯间。封闭楼梯间是指设有能阻挡烟气的双向弹簧门或乙级防火门的楼梯间，如图 1-1、图 1-2 所示。封闭楼梯间有墙和门与走道分隔，比敞开楼梯间安全。但因其只设有一道门，在火灾情况下人员进行疏散时难以保证不使烟气进入楼梯间，所以，对封闭楼梯间的使用范围应加以限制。

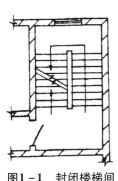

图 1-1　封闭楼梯间

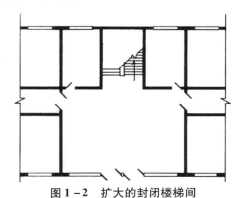

图 1-2　扩大的封闭楼梯间

下列多层公共建筑的疏散楼梯，除与敞开式外廊直接相连的楼梯间外，均应采用封闭楼梯间：

①医疗建筑、旅馆及类似使用功能的建筑。

②设置歌舞娱乐放映游艺场所的建筑。

③商店、图书馆、展览建筑、会议中心及类似使用功能的建筑。

④6 层及以上的其他建筑。

裙房及除单元式和通廊式住宅外的建筑高度不超过 32m 的二类建筑应设封闭楼梯间。封闭楼梯间的设置应符合下列规定：

①楼梯间应靠外墙，并应直接天然采光和自然通风，当不能直接天然采光和自然通风时，应按防烟楼梯间规定设置。

②楼梯间应设乙级防火门，并应向疏散方向开启。

③除楼梯间的出入口和外窗外，楼梯间的墙上不应开设其他门、窗、洞口。

④高层建筑，人员密集的公共建筑，人员密集的多层丙类厂房，甲、乙类厂房，其封闭楼梯间的门应采用乙级防火门，并应向疏散方向开启；其他建筑，可采用双向弹簧门。

⑤楼梯间的首层紧接主要出口时，可将走道和门厅等包括在楼梯间内，形成扩大的封闭楼梯间，但应采用乙级防火门等防火措施与其他走道和房间隔开。

封闭楼梯间的防烟性能比敞开式的好，但还不能完全满足安全疏散的要求。因此，封闭式楼梯间通常都靠外墙布置，特别是在高层建筑中只允许靠外墙布置，且可在外墙上开设窗户，一般每层开设一个外窗。但是如果受其他因素影响而不能开设外窗、设置固定窗扇的外窗或可开启外窗总面积不满足要求时，则只能采用机械防烟方式。

（3）防烟楼梯间。防烟楼梯间是指在楼梯间入口处设有前室或阳台、凹廊，通向前室、阳台、凹廊和楼梯间的门均为乙级防火门的楼梯间。防烟楼梯间设有两道防火门和防排烟设施，发生火灾时能作为安全疏散通道，是高层建筑中常用的楼梯间形式，如图 1-3 至图 1-5 所示。

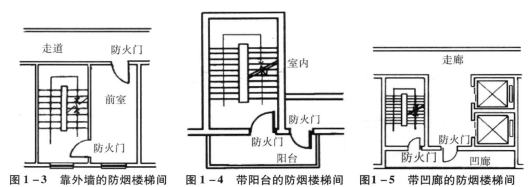

图 1-3　靠外墙的防烟楼梯间　　图 1-4　带阳台的防烟楼梯间　　图 1-5　带凹廊的防烟楼梯间

一类建筑及除单元式和通廊式住宅外的建筑高度超过 32m 的二类建筑以及塔式住宅均应设防烟楼梯间。防烟楼梯间的设置应符合下列规定：

①楼梯间入口处应设前室、阳台或凹廊。

②前室的面积，公共建筑不应小于 $6m^2$，居住建筑不应小于 $4.5m^2$；与消防电梯间前室合用时，合用前室的使用面积：公共建筑、高层厂房（仓库）不应小于 $10m^2$，住宅建筑不应小于 $6m^2$。

③前室和楼梯间的门均应为乙级防火门，并应向疏散方向开启。

④除住宅建筑的楼梯间前室外，防烟楼梯间和前室内的墙上不应开设除疏散门和送风口外的其他门、窗、洞口。

⑤楼梯间的首层可将走道和门厅等包括在楼梯间前室内形成扩大的前室，但应采用乙级防火门等与其他走道和房间分隔。

（4）室外疏散楼梯。在建筑的外墙上设置全部敞开的室外楼梯，如图 1 - 6 所示，不易受烟火的威胁，防烟效果和经济性都较好。

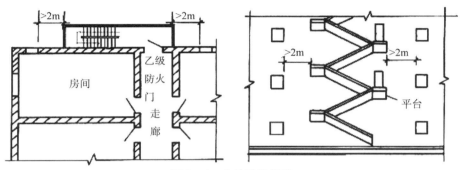

图 1 - 6　室外疏散楼梯

设置室外疏散楼梯应符合下列规定：

①栏杆扶手的高度不应小于 1.1m，楼梯的净宽度不应小于 0.9m。

②倾斜角度不应大于 45°。

③梯段和平台均应采用不燃材料制作。平台的耐火极限不应低于 1h，梯段的耐火极限不应低于 0.25h。

④通向室外楼梯的门应采用乙级防火门，并应向外开启。

⑤除疏散门外，楼梯周围 2m 内的墙面上不应设置门、窗、洞口。疏散门不应正对梯段。

（5）剪刀楼梯。剪刀楼梯，又名叠合楼梯或套梯，是在同一个楼梯间内设置了一对相互交叉又相互隔绝的疏散楼梯。剪刀楼梯在每层楼层之间的梯段一般为单跑梯段。剪刀楼梯的特点是，同一个楼梯间内设有两部疏散楼梯，并构成两个出口，有利于在较狭窄的空间内组织双向疏散。

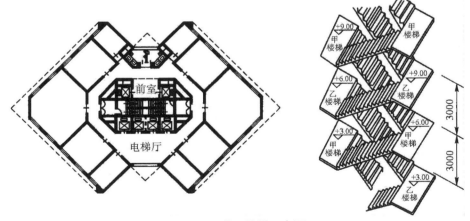

图 1 - 7　剪刀楼梯示意图

高层公共建筑的疏散楼梯，当分散设置确有困难且从任一疏散门至最近疏散楼梯间入口的距离不大于 10m 时，可采用剪刀楼梯间，但应符合下列规定：

①楼梯间应为防烟楼梯间。

②梯段之间应设置耐火极限不低于 1h 的防火隔墙。

③楼梯间的前室应分别设置。

4. 避难层（间）。避难层是超高层建筑发生火灾时专供人员临时避难使用的楼层。如果作为避难使用的只有几个房间，则这几个房间称为避难间。

（1）避难层。建筑高度超过 100m 的公共建筑和住宅建筑应设置避难层。根据目前国内主要配备的 50m 高云梯车的操作要求，规范规定从首层到第一个避难层之间的高度不应大于 50m，以便火灾时可将停留在避难层的人员由云梯车救援下来。结合各种机电设备及管道等所在设备层的布置需要和使用管理以及普通人爬楼梯的体力消耗情况，两个避难层之间的高度不应大于 50m。

另外，避难层还应符合下列规定：

①通向避难层（间）的疏散楼梯应在避难层分隔、同层错位或上下层断开。

②避难层（间）的净面积应能满足设计避难人数避难的要求，并宜按 5 人/平方米计算。

③避难层可兼作设备层。设备管道宜集中布置，其中的易燃、可燃液体或气体管道应集中布置，设备管道区应采用耐火极限不低于 3h 的防火隔墙与避难区分隔。管道井和设备间应采用耐火极限不低于 2h 的防火隔墙与避难区分隔，管道井和设备间的门不应直接开向避难区；确需直接开向避难区时，与避难层区出入口的距离不应小于 5m，且应采用甲级防火门。

④避难间内不应设置易燃、可燃液体或气体管道，不应开设除外窗、疏散门之外的其他开口。

⑤避难层应设置消防电梯出口。

⑥应设置消火栓和消防软管卷盘。

⑦应设置消防专线电话和应急广播。

⑧在避难层（间）进入楼梯间的入口处和疏散楼梯通向避难层（间）的出口处，应设置明显的指示标志。

⑨应设置直接对外的可开启窗口或独立的机械防烟设施，外窗应采用乙级防火窗。

（2）避难间。建筑高度大于 24m 的病房楼，应在二层及以上各楼层和洁净手术部设置避难间。避难间除应符合上述规定外，还应符合下列规定：

①避难间服务的护理单元不应超过 2 个，其净面积应按每个护理单元不小于 25m² 确定。

②避难间兼作其他用途时，应保证人员的避难安全，且不得减少可供避难的净面积。

③应靠近楼梯间，并应采用耐火极限不低于 2h 的防火隔墙和甲级防火门与其他部位分隔。

④应设置消防专线电话和消防应急广播。

⑤避难间的入口处应设置明显的指示标志。

⑥应设置直接对外的可开启窗口或独立的机械防烟设施，外窗应采用乙级防火窗。

5. 消防电梯。消防电梯是指具有耐火封闭结构、防烟前室和专用电源，在火灾发生时专供消防队员使用的电梯。发生火灾时，普通电梯会因断电和不具备防烟功能等原因而停止使用，楼梯则成为此时垂直疏散的主要设施。如不设置消防电梯，消防队员将不得不通过爬梯登高，不仅时间长，消耗体力，延误灭火时机，而且救援人流与疏散人流往往冲突，受伤人员也不能及时得到救助，造成不必要的损失。因此，在高层建筑中设置消防电梯十分必要。建筑防火应根据建筑物的性质、重要性和建筑高度、建筑面积等诸因素确定设置消防电梯的部位和数量。

6. 前室。前室，即设置在人流进入消防电梯、防烟楼梯间或者没有自然通风的封闭楼梯间之前的过渡空间。发生火灾时，前室可起一定的防烟作用；还可以使不能同时进入楼梯间的人在前室内短暂停留，以减缓楼梯间的拥挤程度；此外，还在一定程度上削弱楼梯间或电梯井的烟囱效应。前室分为独立前室、共用前室和合用前室。

（1）独立前室。只与一部疏散楼梯相连的前室，如图 1-8 所示。独立前室还包括独立的消防电梯前室。

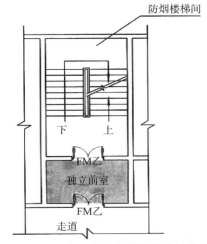

图 1-8　只与一部疏散楼梯相连的前室

（2）共用前室。剪刀楼梯间的两个楼梯间共用同一前室时的前室，如图 1-9 所示。

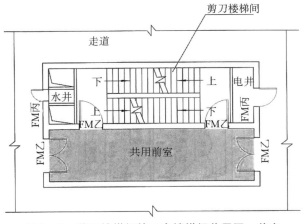

图 1-9　剪刀楼梯间的两个楼梯间共用同一前室

（3）合用前室。防烟楼梯间前室与消防电梯前室合用时的前室，如图 1 – 10 所示。

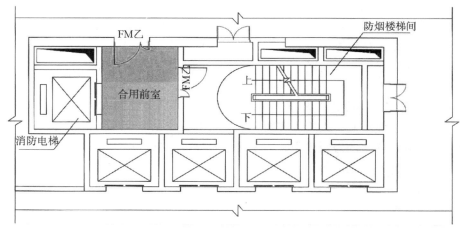

图 1 – 10　防烟楼梯间前室与消防电梯前室合用

7. 烟羽流。火灾时烟气卷吸周围空气所形成的混合烟气流。烟气流按火焰及烟的流动情形，可分为轴对称型烟羽流、阳台溢出型烟羽流、窗口型烟羽流等。

（1）轴对称型烟羽流。上升过程不与四周墙壁或障碍物接触，并且不受气流干扰的烟羽流，如图 1 – 11 所示。

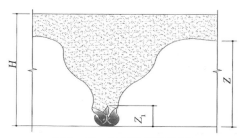

图 1 – 11　轴对称型烟羽流

注：H——空间净高（m）；

　　　Z——燃料面到烟层底部的高度（m）；

　　　Z_1——火焰极限高度（m）。

空间净高按如下方法确定：

①对于平顶和锯齿形的顶棚，空间净高为从顶棚下沿到地面的距离。

②对于斜坡式的顶棚，空间净高为从排烟开口中心到地面的距离。

③对于有吊顶的场所，其净高应从吊顶处算起；设置格栅吊顶的场所，其净高应从上层楼板下边缘算起。

（2）阳台溢出型烟羽流。从着火房间的门（窗）梁处溢出，并沿着火房间外的阳台或水平突出物流动，至阳台或水平突出物的边缘向上溢出至相邻高大空间的烟羽流，如图 1 – 12 所示。

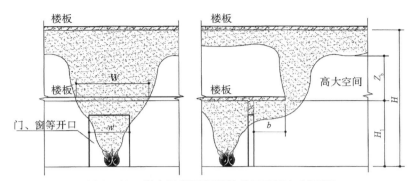

图1-12 阳台溢出型烟羽流的正面图与剖面图

注：H——空间净高（m）；

H_1——燃料面至阳台的高度（m）；

Z_b——从阳台下缘至烟层底部的高度（m）；

W——烟羽流扩散宽度（m）；

w——火源区域的开口宽度（m）；

b——从开口至阳台边沿的距离（m），$b \neq 0$。

（3）窗口型烟羽流。从发生通风受限火灾的房间或隔间的门、窗等开口处溢出至相邻高大空间的烟羽流，如图1-13所示。

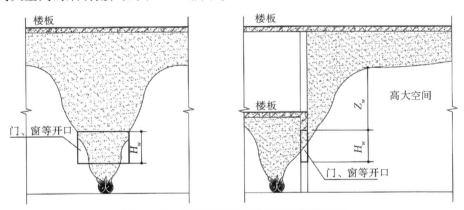

图1-13 窗口型烟羽流的正面图与剖面图

注：H_w——窗口开口的高度（m）；

Z_w——窗口开口的顶部到烟层底部的高度（m）。

8. 储烟仓。位于建筑空间顶部，由挡烟垂壁、梁或隔墙等形成的用于蓄积火灾烟气的空间，如图1-14和图1-15所示。储烟仓高度即设计烟层厚度，应根据清晰高度确定。把吊顶开孔率大于25%的视为通透式吊顶。

当采用自然排烟方式时，储烟仓的厚度不应小于空间净高的20%，且不应小于500mm；当采用机械排烟方式时，不应小于空间净高的10%，且不应小于500mm。同时储烟仓底部距地面的高度应大于安全疏散所需的最小清晰高度。

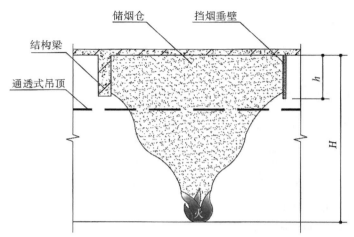

图 1－14　无吊顶或通透式吊顶的储烟仓

注：*H*——空间净高（m）；

　　h——储烟仓高度，即设计烟层厚度（m）。

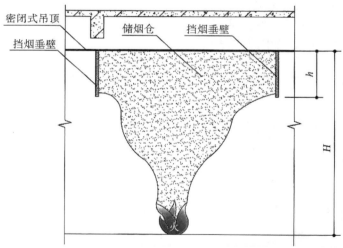

图 1－15　密闭式吊顶的储烟仓

注：*H*——空间净高（m）；

　　h——储烟仓高度，即设计烟层厚度（m）。

9. 清晰高度。清晰高度是指烟层下缘至室内地面的高度。单个楼层空间的清晰高度如图 1－16 所示。

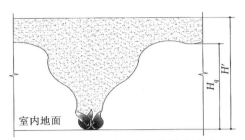

图 1 - 16　单个楼层空间的清晰高度

注：H'——排烟空间的建筑净高度（m）；

　　　H_q——清晰高度（m）。

10. 固定窗。设置在设有机械防烟排烟系统的场所中，窗扇固定，平时不可开启，仅在火灾时便于人工破拆以排出火场中的烟和热的外窗。

11. 可熔性采光带（窗）。采用在 120℃ ~150℃ 能自行熔化且不产生熔滴的材料制作，设置在建筑空间上部，用于排出火场中的烟和热的设施。

二、常用的防烟排烟系统符号

1. 计算几何参数。

A——每个疏散门的有效漏风面积。

A_k——开启门的截面面积。

A_0——所有进气口总面积。

A_m——门的面积。

A_f——单个送风阀门的面积。

A_g——前室疏散门的总面积。

A_l——楼梯间疏散门的总面积。

A_V——自然排烟窗（口）截面积。

A_W——窗口开口面积。

B——风管长边尺寸。

b——从开口至阳台边沿的距离。

d_m——门的把手到门闩的距离。

d_b——排烟系统吸入口最低点之下烟气层厚度。

D——风管直径。

H——空间净高。

H'——对于单层空间，取排烟空间的建筑净高度；对于多层空间，取最高疏散楼层的层高。

H_1——燃料面至阳台的高度。

H_W——窗口开口的高度。

H_q——最小清晰高度。

ω——火源区域的开口宽度。

W——烟羽流扩散宽度。

W_m——单扇门的宽度。

Z——燃料面到烟层底部的高度。

Z_1——火焰极限高度。

Z_b——从阳台下缘至烟层底部的高度。

Z_w——窗口开口的上缘到烟层底部的高度。

2. 计算风量、风速。

g——重力加速度。

L_{high}——高压系统单位面积风管单位时间内的允许漏风量。

L_j——楼梯间的机械加压送风量。

L_{low}——低压系统单位面积风管单位时间内的允许漏风量。

L_{mid}——中压系统单位面积风管单位时间内的允许漏风量。

L_s——前室的机械加压送风量。

L_1——门开启时，达到规定风速值所需的送风量。

L_2——门开启时，规定风速值下的其他门缝漏风总量。

L_3——未开启的常闭送风阀的漏风总量。

M_p——烟羽流质量流量。

v——门洞断面风速。

V——排烟量。

V_{max}——排烟口最大允许排烟量。

3. 计算压力、热量、时间。

C_p——空气的定压比热。

F'——门的总推力。

F_{dc}——门把手处克服闭门器所需的力。

M——闭门器的开启力矩。

ρ_0——环境温度下的气体密度。

P——疏散门的最大允许压力差。

$P_{风管}$——风管系统工作压力。

$\triangle P$——计算漏风量的平均压力差。

Q——热释放速率。

Q_c——热释放速率中的对流部分。

t——火灾增长时间。

T——烟层的平均绝对温度。

T_0——环境的绝对温度。

$\triangle T$——烟层平均温度与环境温度之差。

4. 计算系数。

α——火灾增长系数。

α_w——窗口型烟羽流的修正系数。

γ——排烟位置系数。

C_0——进气口流量系数。

C_V——自然排烟窗（口）流量系数。

K——烟气中对流放热量因子。

n——指数。

5. 计算其他符号。

N_1——设计疏散门开启的楼层数量。

N_2——漏风疏散门的数量。

N_3——漏风阀门的数量。

第三节　防火分区

防火分区是指在建筑内部采用防火墙和楼板及其他防火分隔设施分隔而成，能在一定时间内阻止火势向同一建筑的其他区域蔓延的防火单元。防火分区的面积大小应根据建筑物的使用性质、高度、火灾危险性、消防扑救能力等因素确定。

一、防火分区的划分标准

不同类别的建筑，其防火分区的划分有不同的标准。这里我们主要介绍民用建筑的防火分区的划分标准。

当建筑面积过大时，室内容纳的人员和可燃物的数量相应增大，为了减少火灾损失，对建筑物防火分区的面积按照建筑物耐火等级的不同给予相应的限制。表1-4给出了不同耐火等级民用建筑防火分区的最大允许建筑面积。

表1-4　不同耐火等级民用建筑防火分区最大允许建筑面积

名称	耐火等级	防火分区的最大允许建筑面积（m²）	备注
高层民用建筑	一、二级	1500	对于体育馆、剧场的观众厅，防火分区的最大允许建筑面积可适当增加
单、多层民用建筑	一、二级	2500	
	三级	1200	—
	四级	600	—
地下或半地下建筑（室）	一级	500	设备用房的防火分区最大允许建筑面积不应大于1000m²

注：1. 当建筑内设置自动灭火系统时，防火分区最大允许建筑面积可按本表的规定增加1倍；局部设置时，防火分区的增加面积可按该局部面积的1倍计算。

2. 裙房与高层建筑主体之间设置防火墙时，裙房的防火分区可按单、多层建筑的要求确定。

一、二级耐火等级建筑内的商店营业厅、展览厅，当设置自动灭火系统和火灾自动报警系统并采用不燃或难燃装修材料时，每个防火分区的最大允许建筑面积可适当增加，并应符合下列规定：

（1）设置在高层建筑内时，不应大于4000m²；

（2）设置在单层建筑内或仅设置在多层建筑的首层内时，不应大于10000m²；

（3）设置在地下或半地下时，不应大于2000m²。

总建筑面积大于20000m²的地下或半地下商业营业厅，应采用无门、窗、洞口的防火墙及耐火极限不低于2h的楼板分隔为多个建筑面积不大于20000m²的区域。相邻区域确需局部水平或竖向连通时，应采用符合规定的下沉式广场等室外开敞空间、防火隔间、避难走道、防烟楼梯间等方式进行连通。

二、防火分隔设施

对建筑物进行防火分区的划分是通过防火分隔构件来实现的。具有阻止火势蔓延的作用，能把整个建筑空间划分成若干较小防火空间的建筑构件称为防火分隔构件。防火分隔构件可分为固定式和可开启关闭式两种。固定式包括普通砖墙、楼板、防火墙等，可开启关闭式包括防火门、防火窗、防火卷帘、防火分隔水幕等。

1. 防火墙。防火墙是具有不少于3h耐火极限的不燃性实体墙。防火墙是分隔水平防火分区或防止建筑间火灾蔓延的重要分隔构件，对减少火灾损失具有重要作用。防火墙能在火灾初期和灭火过程中，将火灾有效地限制在一定空间内，阻断火灾在防火墙一侧而不蔓延到另一侧。

2. 防火卷帘。防火卷帘是在一定时间内，连同框架能满足耐火稳定性和完整性要求的卷帘，由帘板、卷轴、电动机、导轨、支架、防护罩和控制机构等组成。

防火卷帘主要用于需要进行防火分隔的墙体，特别是防火墙、防火隔墙上因生产、使用等需要开设较大开口而又无法设置防火门时的防火分隔。防火卷帘一般设置在电梯厅、自动扶梯周围，中庭与楼层走道、过厅相通的开口部位，生产车间中大面积工艺洞口以及设置防火墙有困难的部位等。

3. 防火门。防火门是指具有一定耐火极限，且在发生火灾时能自行关闭的门。建筑中设置的防火门应保证门的防火和防烟性能符合现行国家标准《防火门》（GB 12955—2015）的有关规定，并经消防产品质量检测中心检测试验认证才能使用。

防火门按材料可分为木质、钢质、钢木质和其他材质防火门。防火门按耐火性能的分类及代号见表1-5。

表 1-5　防火门按耐火性能的分类及代号

名称	耐火性能		代号
隔热防火门（A类）	耐火隔热性≥0.50h 耐火完整性≥0.50h		A0.50（丙级）
	耐火隔热性≥1.00h 耐火完整性≥1.00h		A1.00（乙级）
	耐火隔热性≥1.50h 耐火完整性≥1.50h		A1.50（甲级）
	耐火隔热性≥2.00h 耐火完整性≥2.00h		A2.00
	耐火隔热性≥3.00h 耐火完整性≥3.00h		A3.00
部分隔热防火门（B类）	耐火隔热性≥0.50h	耐火完整性≥1.00h	B1.00
		耐火完整性≥1.50h	B1.50
		耐火完整性≥2.00h	B2.00
		耐火完整性≥3.00h	B3.00
非隔热防火门（C类）	耐火完整性≥1.00h		C1.00
	耐火完整性≥1.50h		C1.50
	耐火完整性≥2.00h		C2.00
	耐火完整性≥3.00h		C3.00

防火门的设置应符合下列规定：

（1）设置在建筑内经常有人通行处的防火门宜采用常开防火门。常开防火门应能在火灾时自行关闭，并应具有信号反馈功能。

（2）除允许设置常开防火门的位置外，其他位置的防火门均应采用常闭防火门。常闭防火门应在其明显位置设置"保持防火门关闭"等提示标志。

（3）除管井检修门和住宅的户门外，防火门应具有自行关闭的功能。双扇防火门应具有按顺序自行关闭的功能。

（4）设置在建筑物变形缝附近时，防火门应设置在楼层较多的一侧，并应保证防火门开启时门扇不跨越变形缝。

（5）防火门关闭后应具有防烟性能。

4. 防火窗。防火窗是采用钢窗框、钢窗扇及防火玻璃制成的，能起到隔离和阻止火势蔓延的窗，一般设置在防火间距不足部位的建筑外墙上的开口或天窗，建筑内的防火墙或防火隔墙上需要观察等部位以及需要防止火灾竖向蔓延的外墙开口部位。

防火窗按照安装方法可分为固定窗扇与活动窗扇两种。固定窗扇防火窗不能开启，平时可以采光，遮挡风雨，发生火灾时可以阻止火势蔓延；活动窗扇防火窗能够开启和关闭，起火时可以自动关闭，阻止火势蔓延，开启后可以排除烟气，平时还可以采光和通风。为了使防火窗的窗扇能够开启和关闭，需要安装自动和手动开关装置。

防火窗的耐火极限与防火门相同。设置在防火墙、防火隔墙上的防火窗应采用不可开启的窗扇或具有火灾时能自行关闭的功能。

5. 防火分隔水幕。防火分隔水幕可以起到防火墙的作用，在某些需要设置防火墙或其他防火分隔物而无法设置的情况下，可采用防火分隔水幕进行分隔。

6. 防火阀。防火阀是在一定时间内能满足耐火稳定性和耐火完整性要求，用于管道内阻火的活动式封闭装置，如图 1 - 17 所示。空调、通风管道一旦窜入烟火，就会导致火灾在大范围蔓延。因此，在风道贯通防火分区的部位（防火墙）必须设置防火阀。

图 1 - 17　防火阀

防火阀平时处于开启状态，发生火灾时，当管道内烟气温度达到 70℃ 时，易熔合金片熔断而自动关闭。

（1）防火阀的设置部位。

①穿越防火分区处。

②穿越通风、空气调节机房的房间隔墙和楼板处。

③穿越重要或火灾危险性大的房间隔墙和楼板处。

④穿越防火分隔处的变形缝两侧。

⑤竖向风管与每层水平风管交接处的水平管段上，但当建筑内每个防火分区的通风、空气调节系统均独立设置时，水平风管与竖向总管的交接处可不设置防火阀。

⑥公共建筑的浴室、卫生间和厨房的竖向排风管，应采取防止回流措施或在支管上设置公称动作温度为 70℃ 的防火阀。公共建筑内厨房的排油烟管道宜按防火分区设置，且在与竖向排风管连接的支管处应设置公称动作温度为 150℃ 的防火阀。

（2）防火阀的设置要求。防火阀的设置应符合下列规定：

①防火阀宜靠近防火分隔处设置。

②防火阀暗装时，应在安装部位设置方便维护的检修口。

③在防火阀两侧各 2m 范围内的风管及其绝热材料应采用不燃材料。

7. 排烟防火阀。排烟防火阀是安装在排烟系统管道上起隔烟、阻火作用的阀门，如图 1 - 18 所示。它在一定时间内能满足耐火稳定性和耐火完整性的要求，具有手动和自动功能。当管道内的烟气达到 280℃时排烟阀门自动关闭。

图 1 - 18 排烟防火阀

第四节 防烟分区

防烟分区是在建筑内部采用挡烟设施分隔而成，能在一定时间内防止火灾烟气向同一防火分区的其余部分蔓延的局部空间。

划分防烟分区的目的在于：一是在发生火灾时将烟气控制在一定范围内；二是提高排烟口的排烟效果。建筑物发生火灾时首要任务是把火场中产生的高温烟气控制在一定的区域范围内，为分区排烟创造条件，迅速将烟气排出室外。为此，可以利用建筑物自身的内部结构或者人为地将建筑物划分为若干防烟分区。设置防烟分区主要是保证在一定时间内，使火场上产生的高温烟气不致随意扩散，并进而加以排除，实现及时、高效的控制烟气蔓延，从而有利于人员安全疏散、控制火势蔓延和减少火灾损失。在一个防烟分区实施排烟，既是安全的需要，也是经济合理的要求。

一、防烟分区的划分方法

防烟分区一般应结合建筑物内部的功能分区和排烟系统的设计要求进行划分，不设排烟设施的部位（包括地下室）可不划分防烟分区。

1. 防烟分区不应跨越防火分区。划分防火分区和防烟分区的作用不完全相同。防火分区的作用是有效地阻止火灾在建筑物内沿水平和垂直方向蔓延，把火灾控制在一定的空间范围内，以减少火灾损失；而防烟分区的作用是在一定时间内把建筑火灾的高温烟气控制在一定的区域范围内，为排烟设施排出火灾初期的高温烟气创造有利条件，防止烟气蔓延。

由于针对的对象不同，因此分隔构件也不相同。防火分区的分隔构件必须是不燃烧体，而且具有规定的耐火极限，在构造上需要是连续的，从地板到楼板，从一个防火分隔构件到另一个防火分隔构件，或是以上的组合；而防烟分区的构件虽然也是不燃体，但却没有耐火极限的要求，防烟构件在水平方向上要求连续设置，但在竖直方向则不要求连续，如挡烟垂壁和挡烟梁。因此，防火分区的构件可以作为防烟分区构件，但反之则不行。

热烟气在流动过程中会被建筑的围护结构和卷吸进来的冷空气冷却，流动一定距离后热烟气会成为冷烟气而离开顶板沉降下来，这时挡烟垂壁等防烟设施就不再起控制烟气的作用了，所以每个防烟分区面积不应过大，并且防烟分区不能跨越防火分区，因此可以在一个防火分区内划分若干个防烟分区，而防火分区的构件可作为防烟分区的边界。

2. 每个防烟分区的建筑面积不宜超过规范要求。防烟分区过大时（包括长边过长），烟气水平射流在扩散中会卷吸大量冷空气而沉降，不利于烟气的及时排出；而防烟分区的面积过小又会使储烟能力减弱，使烟气过早沉降或蔓延到相邻的防烟分区。综合考虑火源功率、顶棚高度、储烟仓形状、温度条件等主要因素对火灾烟气蔓延的影响，并结合建筑物类型、建筑面积和高度，我国现行有关设计规范对各类建筑防烟分区的面积有明确规定，如表 1-6 所示。

表 1-6 公共建筑、工业建筑防烟分区的最大允许面积及其长边最大允许长度

空间净高 H（m）	最大允许面积（m²）	长边最大允许长度（m）
H≤3.0	500	24
3.0＜H≤6.0	1000	36
H＞6.0	2000	60m；具有自然对流条件时，不应大于75m

注：1. 公共建筑、工业建筑中的走道宽度不大于 2.5m 时，其防烟分区的长边长度不应大于 60m。

2. 当空间净高大于 9m 时，防烟分区之间可不设置挡烟设施。

3. 汽车库防烟分区的划分及其排烟量应符合现行国家规范《汽车库、修车库、停车场设计防火规范》（GB 50067—2014）的相关规定。

在建筑物内按面积将其划分为若干个基准防烟分区，这些防烟分区在各个楼层，一般形状相同、尺寸相同、用途相同，不同形状和用途的防烟分区其面积也宜一致。

（1）当空间净高小于等于 3m 时，公共建筑、工业建筑防烟分区的最大允许面积不应大于 500m²，长边最大允许长度不应大于 24m，如图 1-19 所示。

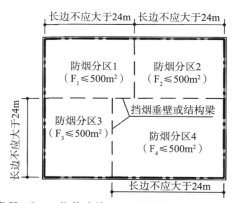

图 1-19 空间净高 H≤3m，公共建筑、工业建筑防烟分区长边最大允许长度要求

（2）当空间净高大于 3m 小于等于 6m 时，公共建筑、工业建筑防烟分区的最大允许面积不应大于 $1000m^2$，长边最大允许长度不应大于 36m，如图 1-20 所示。

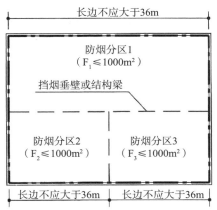

图 1-20　空间净高 3m < H≤6m，公共建筑、工业建筑防烟分区长边最大允许长度要求

（3）当空间净高大于 6m 时，公共建筑、工业建筑防烟分区的最大允许面积不应大于 $2000m^2$，不具有自然对流条件的长边不应大于 60m，具有自然对流条件的长边不应大于 75m，如图 1-21 和图 1-22 所示。

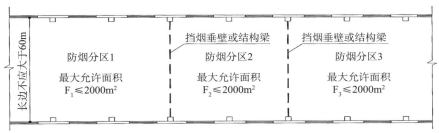

图 1-21　空间净高 H > 6m，不具有自然对流条件的公共建筑、工业建筑其防烟分区长边最大允许长度要求

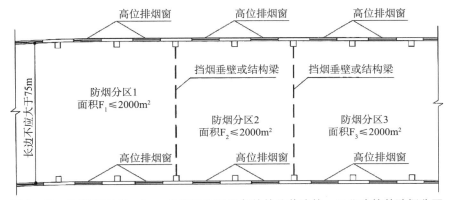

图 1-22　空间净高 H > 6m，具有自然对流条件的公共建筑、工业建筑其防烟分区长边最大允许长度要求

不具有对流条件的场所应符合下列要求：

①防烟分区最大允许面积不大于2000m²。

②防烟分区长边最大允许长度不大于60m。

③补风口的设置位置，排烟口与补风口的面积应满足计算要求。

具有对流条件的场所应符合下列要求：

①室内场所采用自然对流排烟的方式。

②排烟窗应设在防烟分区两个短边外墙面的同一高度位置上，且应均匀布置；窗的下缘应在室内2/3高度以上，且应在储烟仓内。

③房间补风口应设置在室内1/2高度以下，且不高于10m。

④排烟窗与补风口的面积应满足计算要求。

（4）当工业建筑采用自然排烟系统时，其防烟分区的长边长度不应大于建筑内空间净高的8倍，如图1-23所示。

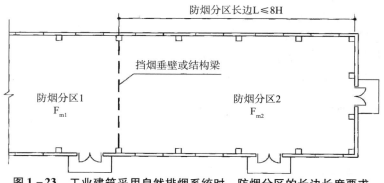

图1-23　工业建筑采用自然排烟系统时，防烟分区的长边长度要求

（5）挡烟垂壁等挡烟分隔设施的深度不应小于储烟仓厚度。对于有吊顶的空间，当吊顶开孔不均匀或开孔率小于或等于25%时，吊顶内空间高度不得计入储烟仓厚度。当采用自然排烟方式时，储烟仓的厚度不应小于空间净高的20%，且不应小于500mm；当采用机械排烟方式时，储烟仓的厚度不应小于空间净高的10%，且不应小于500mm。

（6）除敞开式汽车库、建筑面积小于1000m²的地下一层汽车库和修车库外，汽车库、修车库应设置排烟系统，并应划分防烟分区。防烟分区的建筑面积不宜大于2000m²，且防烟分区不应跨越防火分区。

3. 设置排烟设施的建筑内，敞开楼梯和自动扶梯穿越楼板的开口部位应设置挡烟垂壁等设施。

上、下层之间应是两个不同防烟分区，烟气应该在着火层及时排出，否则容易引起烟气向上层蔓延的混乱情况，给人员疏散和救援都带来不利。如图1-24至图1-27所示，在敞开楼梯和自动扶梯穿越楼板的开口部位应设置挡烟垂壁或卷帘，以阻挡烟气向上层蔓延。不得叠加计算防烟分区。

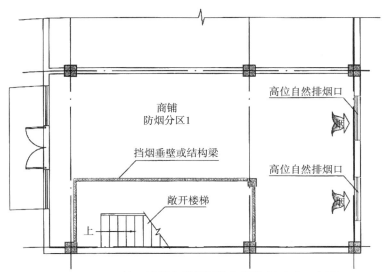

图 1 – 24 敞开楼梯穿越楼板处设置挡烟垂壁示意图

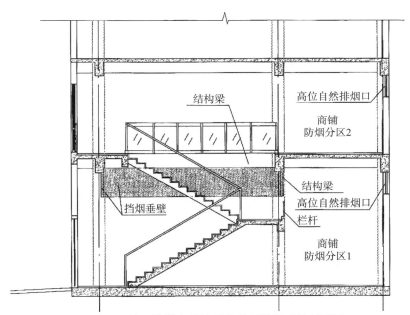

图 1 – 25 敞开楼梯穿越楼板处设置挡烟垂壁剖面图

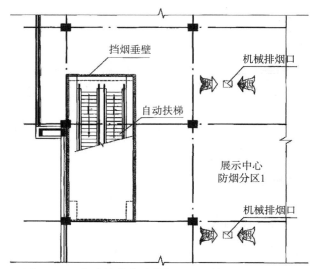

图 1 – 26　自动扶梯穿越楼板处设置挡烟垂壁示意图

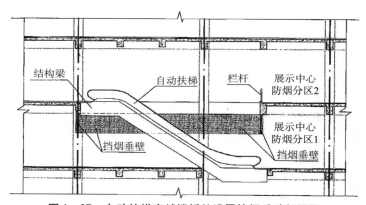

图 1 – 27　自动扶梯穿越楼板处设置挡烟垂壁剖面图

4. 采用隔墙等形成封闭的分隔空间时，该空间宜作为一个防烟分区。

5. 有特殊用途的场所应单独划分防烟分区。

二、防烟分区的划分构件

防烟分区的划分构件也称为挡烟设施，它们在阻挡烟气四处蔓延的同时可提高防烟分区排烟口的排烟效果。划分防烟分区的构件主要有挡烟垂壁、挡烟隔墙、防火卷帘、建筑横梁等。挡烟垂壁等挡烟分隔设施的深度不应小于储烟仓厚度。对于有吊顶的空间，当吊顶开孔不均匀或开孔率小于或等于 25% 时，吊顶内空间高度不得计入储烟仓厚度。前面已经介绍了防火卷帘，以下不再介绍。

1. 挡烟垂壁。挡烟垂壁是用不燃材料制成，垂直安装在建筑顶棚、横梁或吊顶下，在火灾时能形成一定的蓄烟空间的挡烟分隔设施，如图 1 – 28 至图 1 – 30 所示。

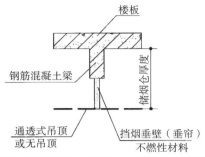

图 1 - 28　无吊顶或有通透式吊顶时，采用挡烟垂壁分隔防烟分区

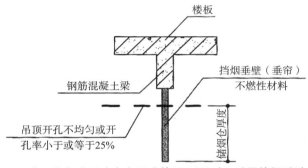

图 1 - 29　吊顶开孔不均匀或开孔率小于或等于 25% 时，采用挡烟垂壁分隔防烟分区

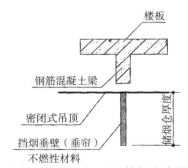

图 1 - 30　有密闭式吊顶时，采用挡烟垂壁分隔防烟分区

挡烟垂壁常设置在烟气扩散流动的路线上烟气控制区域的分界处，与排烟设备配合进行有效的排烟。其从顶棚下垂的高度一般应距顶棚面 50cm 以上，称为有效高度。当室内发生火灾时，所产生的烟气由于浮力作用而积聚在顶棚下，只要烟层的厚度小于挡烟垂壁的有效高度，烟气就不会向其他场所扩散。

挡烟垂壁分固定式和活动式两种。固定式挡烟垂壁是指固定安装的、能满足设定挡烟高度的挡烟垂壁；活动式挡烟垂壁是指可从初始位置自动运行至挡烟工作位置，并满足设定挡烟高度的挡烟垂壁。

2. 挡烟隔墙。挡烟隔墙即非承重、只起分隔作用的墙体。从挡烟效果看，挡烟隔墙比挡烟垂壁的效果好，如图 1 - 31 所示。因此，在不同安全区之间宜采用挡烟隔墙，建筑内的挡烟隔墙应砌至梁板底部，且不宜留有缝隙。例如，走廊两侧的隔墙、面积超

过 $100m^2$ 的房间隔墙、贵重设备房间隔墙、火灾危险性较大的房间隔墙以及病房等房间隔墙，均应砌至梁板底部，不留缝隙，以阻止烟火流窜蔓延，避免火情扩大。

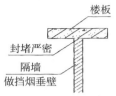

图 1 - 31　利用隔墙分隔防烟分区

3. 建筑横梁。当建筑横梁的高度超过 50cm 时，该横梁可作为挡烟设施使用，如图 1 - 32 所示。

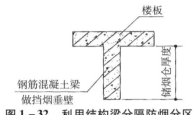

图 1 - 32　利用结构梁分隔防烟分区

复习思考题

一、单项选择题

1. 某单位新建员工集体宿舍，室内地面标高为 ±0.000m，室外地面标高为 - 0.045m，地上 7 层，局部 8 层，一至七层为标准层，每层建筑面积为 $1200m^2$，七层屋面面层标高为 +21.000m，八层为设备用房，建筑面积为 $290m^2$，八层屋面面层标高为 +25.000m，根据现行国家标准《建筑设计防火规范》，该建筑类别为（　　）。

　　A. 二类高层住宅建筑　　　　　　　　B. 二类高层公共建筑

　　C. 多层住宅建筑　　　　　　　　　　D. 多层公共建筑

2. 建筑高度超过 100m 的公共建筑应设置避难层，下列有关避难层设置的说法中，错误的是（　　）。

　　A. 封闭的避难层应设置独立的机械防烟系统

　　B. 通向避难层的疏散楼梯应使人员需经过避难层方能上下

　　C. 避难层可兼做设备层

　　D. 第一个避难层的楼地面至灭火救援场地地面的高度不应大于 60m

3. 关于疏散楼梯间设置的做法，错误的是（　　）。

　　A. 2 层展览建筑无自然通风条件的封闭楼梯间，在楼梯间直接设置机械加压送风系统

　　B. 与高层办公主体建筑之间设置防火墙的商业裙房，其疏散楼梯间采用封闭楼梯间

　　C. 建筑高度为 33m 的住宅建筑，户门均采用乙级防火门，其疏散楼梯间采用敞开

28

楼梯间

D. 建筑高度 32m，标准层建筑面积为 1500m² 的电信楼，其疏散楼梯间采用封闭楼梯间

4. 对防火分区进行检查时，应该检查防火分区的建筑面积。根据现行国家消防技术标准的规定，下列因素中不影响防火分区的建筑面积划分的是（　　　）。

A. 使用性质　　　　B. 耐火等级　　　　C. 防火间距　　　　D. 建筑高度

5. 某高层建筑，耐火等级为二级，局部 600 平方米设置了自动灭火系统，则包含该局部区域在内的防火分区最大允许面积为（　　　）平方米。

A. 1800　　　　　　B. 2000　　　　　　C. 1500　　　　　　D. 2100

6. 某建筑地下一层的某个防火分区内未设置自动喷水灭火系统的建筑面积为 200 平方米，其设置自动灭火系统的建筑面积不应超过（　　　）平方米。

A. 600　　　　　　　B. 500　　　　　　　C. 700　　　　　　　D. 800

7. 下列关于防烟分区划分的说法中，错误的是（　　　）。

A. 防烟分区可采用防火隔墙划分

B. 设置防烟系统的场所应划分防烟分区

C. 一个防火分区可划分为多个防烟分区

D. 防烟分区可采用在楼板下突出 0.8m 的结构梁划分

8. 建筑划分防烟分区时，下列构件和设施中，不应用作防烟分区分隔构件和设施的有（　　　）。

A. 防火水幕　　　　　　　　　　　B. 特级防火卷帘

C. 防火隔墙　　　　　　　　　　　D. 高度不小于 50cm 的建筑结构梁

9. 某单层平屋面多功能厅，建筑面积 600m²，屋面板底距室内地面 7m，结构梁从顶板下凸出 0.6m，吊顶采用镂空轻钢格栅，吊顶下表面距室内地面 5.5m，该多功能厅设有自动喷水灭火系统、火灾自动报警系统和机械排烟系统。下列关于该多功能厅防烟分区划分的说法中，正确的是（　　　）。

A. 该多功能厅应采用屋面板底下垂高度不小于 0.5m 的挡烟垂壁划分为 2 个防烟分区

B. 该多功能厅可不划分防烟分区

C. 该多功能厅应利用室内结构梁划分为 2 个防烟分区

D. 该多功能厅应采用自吊顶底下垂高度不小于 0.5m 的活动挡烟垂壁划分为 2 个防烟分区

二、简答题

1. 防烟和排烟的方式主要有哪些？

2. 什么是防火分区？什么是防烟分区？两者有什么区别和联系？

3. 防烟分区的划分方法是什么？请列举至少三种防烟分区的划分构件。

4. 什么是防火阀？在哪些位置需要设置防火阀？

第二章　火灾烟气

本章学习目标

1. 熟悉火灾烟气的组成与危害。
2. 熟悉火灾烟气的压力、密度和温度。
3. 熟悉火灾烟气的流动过程和扩散驱动力。
4. 掌握火灾烟气浓度的表示方法、能见距离和疏散极限视距。

第一节　火灾烟气的组成与危害

一、火灾烟气的组成

烟气的产生是衡量火灾环境的基本因素之一。在完全燃烧时，可燃物转化为稳定的气相产物，但在实际火灾的扩散火焰中很难实现完全燃烧，火灾烟气大多是不完全燃烧的产物。

火灾烟气的组成首先取决于发生热解和燃烧的物质本身的化学组成，其次还与燃烧条件有关。所谓燃烧条件是指环境的供热条件、环境的空间时间条件和供氧条件。由于火灾时参与燃烧的物质比较复杂，尤其是发生火灾的环境条件千差万别，所以火灾烟气的组成也十分复杂。

美国试验与材料学会（ASTM）给烟气下的定义是：某种物质在燃烧或分解时散发出的固态或液态悬浮微粒和高温气体。美国消防工程师协会《中庭建筑烟气控制设计指南》（NFPA 92B）对烟气的定义则是，在上述定义基础上增加文字"以及混合进去的任何空气"。

概括起来，起火后包围着火焰的云状物叫作烟气。烟气由三类物质组成：燃烧物质释放出的高温蒸气和有毒气体；被分解和凝聚的悬浮微粒（烟从浅色到黑色不等）；被火焰加热而带入上升卷流中的大量空气。

1. 燃烧物质释放出的高温蒸气和有毒气体。大部分可燃物质都属于有机化合物，其主要成分是碳、氢、氧、氮、磷、硫等元素。在一般温度条件下，氮在燃烧过程中不参与化学反应而呈游离状态析出，而氧作为氧化剂在燃烧过程中被消耗掉了。碳、氢、硫、磷等元素则与氧化合生成相应的氧化物，即二氧化碳、一氧化碳、水蒸气、二氧化硫和五氧化二磷等。此外，还有少量氢气和碳氢化合物产生。

在现代建筑内，装修复杂，各种室内用品及家具越来越多。除一些室内家具和门窗采用木质材料外，其余大量的装修材料、家具和用品多采用高分子合成材料，如建筑塑料、高分子涂料、聚苯乙烯泡沫塑料保温材料、复合地板、环氧树脂绝缘层、化纤制的家具、沙发和床上用品等，这些高分子合成材料的燃烧和热解产物比单一的木质材料要复杂得多。

2. 被分解和凝聚的悬浮微粒（烟从浅色到黑色不等）。火灾烟气中热解和燃烧所生成的悬浮微粒，称为烟粒子。这些微粒通常包括游离碳（炭黑粒子）、焦油类粒子和高沸点物质的凝缩液滴等。这些固态或液态的微粒悬浮在气相中，随其飘流。由于烟粒子的性质不同，所以在火灾发展的不同阶段，烟气的颜色亦不同。在起火之前的阴燃阶段，由于干馏热分解，主要产生的是一些高沸点物质的凝缩液滴粒子，烟气颜色常呈白色或青白色；而在起火阶段，主要产生的是炭黑粒子，烟气颜色呈黑色，形成滚滚黑烟。

3. 剩余空气。在燃烧过程中，没有参与燃烧反应的空气称为剩余空气。实际着火房间中的燃烧过程往往是在氧气不足的情况下进行的，如果由于某种因素改善其供氧条件，火势就会扩大。所以，在火灾扑救活动中，控制供氧甚至隔绝氧气是经常采用的措施。这就是说，着火房间内产生的烟气在一般情况下并没有剩余空气，但是，一旦门、窗玻璃破碎或房门被打开，大量空气涌进着火房间时，就会存在剩余空气。

应当指出，当着火房间内的烟气窜出房门流到走廊或没有发生火灾的房间时，将很快与周围的空气混合，成为烟气与空气的混合气体，这部分空气不应看作火灾烟气生成过程中的剩余空气。

二、火灾烟气的危害

火灾烟气对人体的危害性可概括为：缺氧、中毒、减光、尘害和高温五个方面。

1. 缺氧。在着火区域，空气中充满了由可燃物燃烧所产生的一氧化碳、二氧化碳和其他有毒气体等，加之燃烧需要消耗大量的氧气，因此空气中的含氧量大大降低。图2－1展示了着火房间内各气体含量变化曲线，在火灾发生10分钟之后，氧含量就会直线下降，很快降低到15%以下，在爆燃最盛期，氧气的浓度只有3%左右。

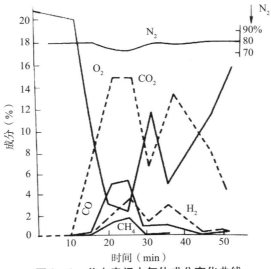

图2－1 着火房间内气体成分变化曲线

由于缺少氧气，人的身体也会受到各种伤害。因为氧是人体新陈代谢的关键物质，是人体生命活动的第一需要。当空气中氧含量降低到 15% 时，人的肌肉活动能力下降；降到 10%～14% 时，人就四肢无力，智力混乱，辨不清方向；降到 6%～10% 时，人就会晕倒；低于 6% 时，在短时间内人们将会因缺氧而窒息死亡。

在实际的着火房间中，烟气的含氧量往往低于人们生理正常所需的数值。因此，在发生火灾时，建筑内人员如不及时逃离火场是十分危险的。

2. 中毒。目前，已知的火灾中有毒气体的种类或有毒气体的成分有数十种，包括无机类有毒有害气体和有机类有毒有害气体。这里主要介绍两种，一氧化碳和氰化氢。

（1）一氧化碳（CO）。火灾事故中，死于 CO 的毒性作用的人数占死亡总人数的 40% 以上。CO 的主要毒害作用在于其与血红蛋白结合生成碳氧血红蛋白，而极大削弱了血红蛋白对氧气的结合力，使血液中的氧气含量降低，致使供氧不足，阻碍血液把氧送到人体各部分。据试验，火灾发生后 11～13 分钟房间一氧化碳浓度的分布为：顶部约为 0.8%；中间约为 1%；地面约为 0.4%。中间也就是大部分人站起来鼻子的高度，而当空气中的一氧化碳含量达到 1% 时，人就会中毒昏迷，呼吸数次失去知觉，经过 1～2 分钟即可能死亡。地面的 CO 浓度相对最低，可是也有 0.4% 左右，会引起人们剧烈头晕，经过 20～30 分钟有死亡的危险。CO 对人体的具体影响如表 2-1 所示。

表 2-1　CO 对人体的影响

空气中一氧化碳含量（%）	对人体的影响程度
0.01	数小时对人体影响不大
0.05	1h 内对人体影响不大
0.1	1h 后头痛，不舒服，呕吐
0.5	引起剧烈头晕，经 20～30min 有死亡危险
1.0	呼吸数次失去知觉，经过 1～2min 即可能死亡

（2）氰化氢（HCN）。HCN 为无色、略带杏仁气味的剧毒性气体，其毒性约为 CO 的 20 倍。它虽然基本上不与血红蛋白结合，但却可以抑制人体中酶的生成，阻止正常的细胞代谢。氢化氰的允许浓度仅为 0.02%。氰化氢是由含氮材料燃烧生成的，这类材料包括天然材料和合成材料，如羊毛、丝绸、尼龙、聚氨酯二聚物及尿素树脂等，尤其是棉花的阴燃。

3. 减光。除毒性之外，燃烧产生的烟气还具有一定的减光性。通常可见光波长 λ 为 0.4～0.7μm，一般火灾烟气中的烟粒子粒径 d 为几微米到几十微米，由于 $d > 2\lambda$，烟粒子对可见光是不透明的。烟气在火场上弥漫，会严重影响人们的视线，使人们难以辨别火势发展方向和寻找安全疏散路线。同时，烟气中有些气体对人的肉眼有极大的刺激性，使人睁不开眼而降低能见度。试验证明，室内火灾在着火后大约 15min，烟气的浓度最大，此时人们的能见距离一般只有数十厘米。

4. 尘害。火灾烟气中悬浮微粒是有害的，危害最大的是颗粒直径小于 10μm 的飘尘，它们肉眼看不见，能长期漂浮在大气中，少则数小时，长则数年。尤其是微粒小于

5μm 的飘尘，由于气体的扩散作用，能进入人体肺部，黏附并聚集在肺泡壁上，引起呼吸道疾病和增加心脏病死亡率，对人体造成直接危害。

5. 高温。在着火房间内，火灾烟气具有较高的温度，可高达数百度，在地下建筑中，火灾烟气温度甚至可高达 1000℃ 以上。而人们对高温烟气的忍耐性是有限的，在65℃ 时，可短时忍受；在 120℃ 时，15min 内就将产生不可恢复的损伤；140℃ 时约为5min；170℃ 时约为 1min；而在几百度的高温烟气中是一分钟也无法忍受的。当人体吸入高温烟气，会严重灼伤呼吸道，轻者刺激呼吸道黏膜，导致慢性支气管炎，重者即便被救出了火场，也难以脱离生命危险。

第二节　火灾烟气的特性

一、火灾烟气的基本状态参数

气态物质在某瞬时所呈现的宏观物理状况称为状态，表征状态的物理量称为状态参数。常用的状态参数有压力、温度、密度、内能、焓、熵等，其中压力、温度、密度为基本状态参数。火灾烟气中悬浮微粒的含量比较少，主要成分为气体。因此，可以近似地把烟气当作理想混合气体对待。

1. 压力。在火灾发生、发展和熄灭的不同阶段，着火房间内火灾烟气的压力是各不相同的。以着火房间为例，在火灾发生初期，烟气的压力很低，随着着火房间内温度上升，烟气量增加，压力也相应升高。当发生轰燃时，烟气的压力在瞬间达到峰值，门窗玻璃均可能被震破。一旦烟气和火焰冲出门窗孔洞之后，室内烟气的压力很快会降下来，接近室外大力压力。据测定，一般着火房间内烟气的平均相对压力为 10～15Pa，在短时可能达到的峰值为 35～40Pa。

2. 温度。建筑物内烟气的温度在火灾发生、发展和熄灭的不同阶段也各不相同。以着火房间为例，在火灾发生初期，着火房间内的温度不高，随着火灾发展，温度逐渐升高。当发生轰燃时，室内烟气的温度急剧上升，很快达到最高水平。试验表明，由于建筑物内部可燃材料的种类、门窗孔洞的开口尺寸、建筑结构形式等的差异，着火房间烟气的最高温度也各不相同。小尺寸着火房间烟气的温度一般可达 500℃～600℃，高则可达 800℃～1000℃。地下建筑火灾中烟气温度可高达 1000℃ 以上。

3. 密度。由于火灾烟气为多种气体和悬浮微粒的混合物，它的组成与空气不同，所以在相同温度和相同压力下，烟气密度与空气是不相同的。另外，火灾烟气的组成又因燃烧物质、燃烧条件的不同而异，所以严格地说，即使在相同温度和相同的压力下，不同火场条件所生成的火灾烟气的密度也各不相同。

火灾烟气的密度可利用理想气体状态方程式导出，即：

$$\rho_y = \rho_y^0 \frac{273 P_y}{T_y P_b} \qquad (2-1)$$

式中：ρ_y ——火灾烟气的密度，kg/m^3；

ρ_y^0 ——标准状态下的烟气密度，kg/m^3；

P_b——标准大气压力，一般取 101325Pa；

P_y——火场烟气的压力，Pa；

T_y——火灾烟气的温度，K。

对于火灾烟气来说，在海拔不高的沿海地带和平原地带，P_y 可近似认为等于标准大气压力，即 $P_y = P_b$，故火灾烟气的密度公式可简化为：

$$\rho_y \approx \rho_y^0 \frac{273}{T_y} \qquad (2-2)$$

在标准状况下，空气密度的数值为 1.293kg/m³。因此，火焰烟气的密度公式可进一步简化为：

$$\rho_y \approx \frac{353}{T_y} \qquad (2-3)$$

可见烟气的密度与着火房间烟气的温度呈反比例关系，烟气温度越高，烟气的密度越小。

二、火灾烟气的浓度

火灾中的烟气浓度，一般有质量浓度、粒子浓度和光学浓度三种表示方法。

1. 烟的质量浓度。单位容积的烟气中所含烟粒子的质量，称为烟的质量浓度，一般用 μ_s 表示。

$$\mu_s = \frac{m_s}{V_s} \ (\text{mg/m}^3) \qquad (2-4)$$

式中：m_s——容积 V_s 的烟气中所含烟粒子的质量，mg；

V_s——火灾烟气的总体积，m³。

2. 烟的粒子浓度。单位容积的烟气中所含烟粒子的数目，称为烟的粒子浓度，也叫作烟的颗粒浓度，一般用 μ_n 表示。

$$\mu_n = \frac{N_s}{V_s} \ (1/\text{m}^3) \qquad (2-5)$$

式中：N_s——容积 V_s 的烟气中所含烟粒子的颗粒数；

V_s——火灾烟气的总体积，m³。

3. 烟的光学浓度。当可见光通过烟层时，烟粒子使光线的强度减弱。光线减弱的程度与烟的浓度存在一定的函数关系。烟气的减光性用光学浓度来反映，光学浓度是由减光系数 C_s 来表示的。光学浓度 C_s 的大小，代表了烟浓度的大小。

设光源与受光物体之间的距离为 L（m），无烟时受光物体处得光线强度为 I_0（cd），有烟时光线强度为 I（cd），则根据朗伯—比尔定律得：

$$I = I_0 e^{-C_s L} \ (\text{cd}) \qquad (2-6)$$

或

$$C_s = \frac{1}{L} In \frac{I_0}{I} \ (\text{m}^{-1}) \qquad (2-7)$$

式中：C_s——烟的减光系数，m⁻¹；

L——光源与受光体之间的距离，m；

I_0——光源处的光强度，cd。

从上述公式可以看出，当 C_s 值越大时，即烟的浓度越大时，光线强度 I 就越小；L 值越大时，即距离越远时，I 值就越小。这一点与人们在火场的体验是一致的。

三、能见距离

对于某一型式的光源和标志，透过大气层或烟气层传到某处尚能被肉眼识别时，该处与光源或标志的距离称为人的能见距离。

研究表明，烟的减光系数 C_s 与能见距离 D 之积为常数 C，其数值因观察目标的不同而不同。例如，疏散通道上的反光标志、疏散门等，$C = 2 \sim 4$；对发光型标志、指示灯等，$C = 5 \sim 10$。用公式表示为：

反光型标志及门的能见距离：

$$D = \frac{2 \sim 4}{C_s} \qquad (2-8)$$

发光型标志及白天窗的能见距离：

$$D = \frac{5 \sim 10}{C_s} \qquad (2-9)$$

有关室内反光型材料和发光型标志的能见距离见表 2-2 和表 2-3。

表 2-2 反光型材料的能见距离 D（m）

反光系数	室内饰面材料名称	烟的浓度 C_s（m^{-1}）					
		0.2	0.3	0.4	0.5	0.6	0.7
0.1	红色木地板、黑色大理石	10.40	6.93	5.20	4.16	3.47	2.97
0.2	灰砖、菱苦土地面、铸铁、钢板地面	13.87	9.24	6.93	5.55	4.62	3.96
0.3	红砖、塑料贴面板、混凝土地面、红色大理石	15.98	10.59	7.95	6.36	5.30	4.54
0.4	水泥砂浆抹面	17.33	11.55	8.67	6.93	5.78	4.95
0.5	有窗未挂帘的白墙、木板、胶合板、灰白色大理石	18.45	12.30	9.22	7.23	6.15	5.27
0.6	白色大理石	19.36	12.90	9.68	7.74	6.45	5.53
0.7	白墙、白色水磨石、白色调和漆、白水泥	20.13	13.42	10.06	8.05	6.93	5.75
0.8	浅色瓷砖、白色乳胶漆	20.80	13.86	10.40	8.32	6.93	5.94

表 2-3 发光型标志的能见距离 D（m）

I_0（lm/m^2）	电光源类型	功率（W）	烟的浓度 C_s（m^{-1}）				
			0.5	0.7	1.0	1.3	1.5
2400	荧光灯	40	16.95	12.11	8.48	6.52	5.65
2000	白炽灯	150	16.59	11.85	8.29	6.38	5.53
1500	荧光灯	30	16.01	11.44	8.01	6.16	5.34
1250	白炽灯	100	15.65	11.18	7.82	6.02	5.22
1000	白炽灯	80	15.21	10.86	7.60	5.85	5.07
600	白炽灯	60	14.18	10.13	7.09	5.45	4.73
350	白炽灯、荧光灯	40.8	13.13	9.36	6.55	5.04	4.37
222	白炽灯	25	12.17	8.70	6.09	4.68	4.06

四、烟的允许极限浓度

为了使处于火场中的人们能够看清疏散楼梯间的门和疏散标志，保障疏散安全，需要确定疏散时人们的能见距离不得小于某一最小值。这个最小的允许能见距离称为疏散极限视距，一般用 D_{min} 表示。

对于不同用途的建筑，其内部的人员对建筑物的熟悉程度是不一样的。

像旅馆、商业、娱乐等建筑中的绝大多数人员是非固定的，对建筑物的疏散路线、安全出口等不太熟悉，其疏散极限视距应规定较大些，$D_{min} = 30m$。

对于住宅楼、教学楼、生产车间等建筑，其内部人员对建筑物的疏散路线、安全出口等很熟悉，其疏散极限视距可规定小一些，$D_{min} = 5m$。

所以，对于熟悉建筑物的人，要求烟的允许极限浓度：$C_{smax} = 0.2 \sim 0.4 m^{-1}$，平均 $0.3 m^{-1}$；对于不熟悉建筑物的人，要求烟的允许极限浓度：$C_{smax} = 0.07 \sim 0.13 m^{-1}$，平均 $0.1 m^{-1}$。

火灾房间的烟浓度很大，一般为 $C_s = 30 m^{-1}$，因此走廊里的烟浓度只允许为起火房间烟浓度的 $1/300 \sim 1/100$。

第三节　火灾烟气的流动过程

火灾发生在建筑内时，烟气流动的方向通常是火势蔓延的一个主要方向。500℃以上热烟所到之处，遇到的可燃物都有可能被引燃。烟气流动会受到建筑结构、开口和通风条件等限制。建筑内墙门窗、楼梯间、竖井管道、穿墙管线、闷顶以及外墙面开口等会成为烟气蔓延的主要途径。

建筑发生火灾时，烟气扩散蔓延主要呈水平流动和垂直流动。在建筑内部，烟气流动扩散一般有三条路线。第一条，也是最主要的一条：着火房间→走廊→楼梯间→上部各楼层→室外；第二条：着火房间→室外；第三条：着火房间→相邻上层房间→室外。

烟气扩散流动速度与烟气温度和流动方向有关。烟气在水平方向的扩散流动速度较慢，在火灾初期为 0.1 ~ 0.3m/s，在火灾中期为 0.5 ~ 0.8m/s。烟气在垂直方向的扩散流动速度较快，通常为 1 ~ 5m/s。在楼梯间或管道竖井中，由于烟囱效应产生的抽力，烟气上升流动速度更快，可达 6 ~ 8m/s，甚至更快。

一、着火房间内的烟气流动

火灾过程中，由于热浮力作用，燃烧产生的热烟气从火焰区直接上升到达楼板或者顶棚，然后会改变流动方向沿顶棚水平扩散。由于受冷空气掺混以及楼板、顶棚等建筑围护结构的阻挡，水平方向流动扩散的烟气温度逐渐下降并向下流动。逐渐冷却的烟气和冷空气流向燃烧区，形成了室内的自然对流，火越烧越旺。着火房间内顶棚下方逐渐积累形成稳定的烟气层。

描述室内烟气流动特点和规律涉及几个重要的概念，包括烟气羽流、顶棚射流、烟气层沉降。以下作简单介绍：

1. 烟气羽流。在一般的建筑房间内，内部物品多为固体。当可燃固体受到外界条件的影响开始燃烧时，首先发生阴燃。当达到一定温度并且有适合的通风条件时，阴燃便转变为明火燃烧。明火出现后，可燃物迅速燃烧。燃烧中，火源上方的火焰及燃烧生成的流动烟气通常称为火羽流，如图 2 - 2 所示。在燃烧表面上方附近为火焰区，它又可以分为连续火焰区和间歇火焰区。而火焰区上方为燃烧产物，即烟气的羽流区，其流动完全由浮力效应控制，一般称其为烟气羽流或浮力羽流。由于浮力作用，烟气羽流会形成一个热烟气团，在浮力的作用下向上运动，在上升过程中卷吸周围新鲜空气与原有的烟气发生掺混。

图 2 - 2　火羽流

2. 顶棚射流。当烟气羽流撞击到房间的顶棚后，沿顶棚水平运动，形成一个较薄的顶棚射流层，称为顶棚射流。由于它的作用，使安装在顶棚上的感烟探测器、感温探测器和洒水喷头产生响应，实现自动报警和喷淋灭火。如图 2 - 3 所示为无限大顶棚以下的理想化顶棚射流。

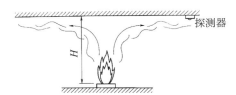

图 2 - 3　理想化顶棚射流示意图

在实际建筑火灾初期，产生的热烟气不足以在室内上方积聚形成静止的热烟气层，在顶棚与静止环境空气之间的顶棚射流烟气层会出现迅速流动的现象。当顶棚射流的热烟气通过顶棚表面和边缘的开口排出时，可以延缓热烟气在顶棚以下积聚。热烟气羽流经撞击顶棚后形成顶棚射流流出着火区域。由于热烟气层的下边界会水平卷吸环境空气，因此热烟气层在流动的过程中逐渐加厚，空气卷吸使顶棚射流的温度和速度降低。另外，当热烟气沿顶棚流动时，与顶棚表面发生的热交换也使得靠近顶棚处的烟气温度降低。研究表明，假设顶棚距离可燃物的垂直高度为 H，多数情况下顶棚射流层的厚度约为距离顶棚以下高度 H 的 5% ~ 12%，而顶棚射流层内最大温度和最大速度出现在距离顶棚以下高度 H 的 1% 处。顶棚射流的最大温度和最大速度值是估算火灾探测器和喷头热响应的重要基础。

3. 烟气层沉降。随着燃烧持续发展，新的烟气不断向上补充，室内烟气层的厚度逐渐增加。在这一阶段，上部烟气的温度逐渐升高、浓度逐渐增大，如果可燃物充足，且烟气不能充分地从上部排出，烟气层将会一直下降，直到浸没火源。由于烟气层的下降，使得室内的洁净空气减少，烟气中的未燃可燃成分逐渐增多。如果着火房间的门、窗等是敞开的，烟气会沿这些开口排出。根据烟气的生成速率，并结合着火房间的几何尺寸，可以估算出烟气层厚度随时间变化的状况。

发生火灾时，应设法通过打开排烟口等方式，将烟气层限制在一定高度内。否则，着火房间烟气层下降到房间开口位置，如门、窗或其他缝隙时，烟气会通过这些开口蔓延扩散到建筑的其他地方。

二、走廊的烟气流动

随着火灾的发展，着火房间上部烟气层会逐渐增厚。如果着火房间设有外窗或专门的排烟口时，烟气将从这些开口排至室外。若烟气的生成量很大，致使外窗或专设排烟口来不及排除烟气，烟气层厚度会继续增大。当烟层厚度增大到超过挡烟垂壁的下端或房门的上缘时，烟气就会沿着水平方向蔓延扩散到走廊中去。着火房间内烟气向走廊的扩散流动是火灾烟气流动的主要路线。

显然，着火房间门、窗不同的开关状态会在很大程度上影响烟气向走廊扩散的效果。例如，房间的门窗都紧闭，这时空气和烟气仅仅通过门窗的缝隙进出，流量非常有限；当外窗关闭、室内门开启，会使着火房间所产生烟气大量扩散到走廊中，因而也是最危险的情况；当发生轰燃时，门、窗玻璃破碎或门板破损，火势迅猛发展，烟气生成量大大增加，致使大量烟气从着火房间流出。

火灾试验表明，烟气在走廊中的流动是呈层流流动状态的，这个流动过程主要有两个特点：一是烟气在上层流动，空气在下层流动，如果没有外部气流干扰的话，分层流动状态能保持 40 ~ 50m 的流程，上下两个流体层之间的掺混很微弱；但若流动过程中遇到外部气流干扰时，如室外空气送进或排气设备排气时，则层流状态将变成紊流状态。二是烟气层的厚度在一定的流程内能维持不变，从着火房间排向走廊的烟气出口起算，通常可达 20 ~ 30m。当烟气流过比较长的路程时，由于受到走廊顶棚及两侧墙壁的冷却，两侧的烟气沿墙壁开始下降，最后只在走廊断面的中部保留一个接近圆形的空气流股。烟气在走廊流动过程中的下降状况如图 2 - 4 所示。

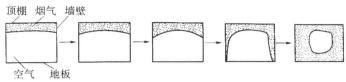

图 2-4　烟气在走廊流动过程中的下降状况

三、竖井中的烟气流动

走廊中的烟气除向其他房间蔓延外，还会向楼梯间、电梯间、竖井、通风管道等部位扩散，并迅速向上层流动。

烟气在竖井流动过程中，当竖井内部温度比外部高时，相应内部压力也会比外部高。此时，如果竖井的上部和下部都有开口，气体会向上流动，且在一定高度形成压力中性平面（室内外压力平衡的理论分界面，简称中性面）。对于开口截面积较大的建筑，相对于浮力所引起的压差而言，气体在竖井内流动的摩擦阻力可以忽略不计，由此可认为竖井内气体流动的驱动力仅为浮力。

第四节　火灾烟气运动的驱动力

一般来说，引起火灾烟气运动的因素有烟囱效应、高温烟气的浮力、膨胀力、风力、通风空调系统以及扩散等。其中扩散是由于浓度差而产生的质量交换，着火区的烟粒子或其他有害气体的浓度高，必然向浓度低的区域扩散。但是由于扩散引起的烟粒子或其他有害气体的迁移比起其他因素来说弱得多，所以下面只讨论除扩散外其他五种因素引起烟气流动的情况。

一、烟囱效应引起的烟气运动

1. 烟囱效应。烟囱效应是指在建筑物的竖直通道中，由于温度差的存在使得自然对流循环加强，促使烟气上升流动的效应。它是高层建筑烟气扩散流动和火灾蔓延扩大的重要机理。

当建筑物内部温度较高，室外温度较低时，各种竖向通道中往往存在一股上升气流，这种现象称为正烟囱效应。而当建筑物内部温度较低，室外温度较高时，在建筑物的各种竖井通道中则存在一股下降气流，这种现象称为逆烟囱效应。

2. 中性带。如图 2-5 所示，建筑下部开口 A_1，流入空气质量 m_a，室外空气密度 ρ_w，室外温度 t_w；上部开口 A_2，流出烟气质量 m_s，烟气密度 ρ_n，烟气温度 t_n。建筑高度，即从地面到楼顶的垂直距离为 H，现以地面为基准面，分析沿高度方向的室内外压力分布情况。

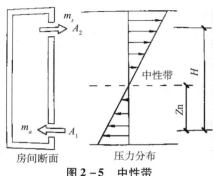

图 2 – 5　中性带

令室内外地面上的静压力分别为 P_{1n}、P_{1w}，那么，在离地面垂直距离为 h 处室内外的静压力分别为：

$$P_{hn} = P_{1n} - \rho_n g h \quad （室内） \tag{2 – 10}$$

$$P_{hw} = P_{1w} - \rho_w g h \quad （室外） \tag{2 – 11}$$

在地面上，室内外的压力差为：

$$\Delta P_1 = P_{1n} - P_{1w} \tag{2 – 12}$$

在离地面 h 处，室内外的压力差为：

$$\Delta P_h = P_{hn} - P_{hw} = \Delta P_1 + (\rho_w - \rho_n) g h \tag{2 – 13}$$

实验证明，在垂直地面的某一高度位置上，必将出现室内外压力差为零，即室内外压力相等的情况，通过该位置的水平面称为该着火房间的中性带，令中性带离地面的高度为 Z_n，则发生火灾时 $t_n > t_w$，所以 $\rho_n < \rho_w$，$(\rho_w - \rho_n) > 0$，那么：在中性带以下，即 $h < Z_n$ 时，$\Delta P_h = \Delta P_1 + (\rho_w - \rho_n) g h < \Delta P_1 + (\rho_w - \rho_n) g Z_n$，$\Delta P_h < 0$；在中性带以上，即 $h > Z_n$ 时，$\Delta P_h = \Delta P_1 + (\rho_w - \rho_n) g h > \Delta P_1 + (\rho_w - \rho_n) g Z_n$，$\Delta P_h > 0$。

在各楼层开口面积分布比较均匀的条件下，一般建筑的中性带大致在建筑高度的 1/2 附近。一般认为中性带以下房间从室外渗入空气，中性带以上房间从室内渗出空气。此外，上部开口比下部开口大时，中性带就会向上移动；上部开口比下部开口小时，中性带就会向下移动。所以，当下部开口较大时，即使压差很小，也会出现大量的烟气流，在设计中通常中性带要上移为好。

当中性带以下楼层发生火灾时，如图 2 – 6 所示，在中性带以上，烟气可由竖井流出来，进入建筑物的上部楼层。楼层间的缝隙也可使烟气流向着火层上部的楼层。在中性带以下的楼层，如果楼层间的缝隙可以忽略，除了着火层外都不会有烟气。但如果楼层间的缝隙很大，则直接流进着火层上一层的烟气将比流入中性带以下其他楼层的要多。

当中性带以上的楼层发生火灾时，如图 2 – 7 所示，由于正烟囱效应产生的空气流动可限制烟气的流动，空气从竖井流进着火层可以阻止烟气流进竖井。不过楼层间的缝隙却可以引起少量烟气流动。如果着火层燃烧强烈，热烟气的浮力克服了竖井内的烟囱效应，则烟气仍可以在进入竖井后，再流入上部楼层。

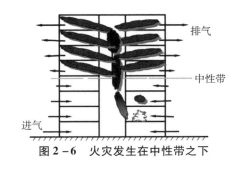

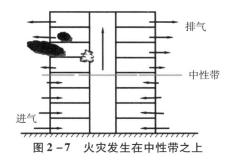

图 2 - 6　火灾发生在中性带之下　　　　图 2 - 7　火灾发生在中性带之上

二、浮力引起的烟气运动

火灾烟气与周围空气比较，烟的密度相对较低，因此有浮力产生。火灾烟气的浮力实质上是着火房间与走廊、邻室或室外形成热压差，导致着火房间内的烟气与走廊、邻室或室外的空气对流运动，如图 2 - 8 所示。在热压差作用下，中性面上部的烟气向走廊、邻室或室外流动，而走廊、邻室或室外的空气从中性带以下进入着火房间。高温烟气的浮力是烟气在室内水平方向流动的动力之一。

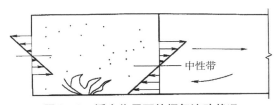

图 2 - 8　浮力作用下的烟气流动状况

若着火房间顶棚上有开口，则浮力作用产生的压力会使烟气由此开口向上面的楼层蔓延。同时，浮力作用产生的压力还会使烟气从墙壁上的开口及缝隙，或门缝泄漏。当烟气离开着火区域后，由于热损失以及与冷空气掺混，其温度会有所降低。浮力的作用及其影响会随着与着火区域之间距离的增大而逐渐减小。

三、膨胀力引起的烟气运动

温度升高引起气体膨胀是影响烟气流动较重要的因素。若着火房间只有一个小的墙壁开口与建筑物其他部分相连时，烟气将从开口的上部流出，外界空气将从开口下部流进。由于燃料燃烧所增加的质量与流入的空气质量相比很小，一般将其忽略；再假设烟气的热性质与空气相同，则烟气流出与空气流入的体积流量之比可表达为热力学温度之比：

$$\frac{Q_{out}}{Q_{in}} = \frac{T_{out}}{T_{in}} \tag{2-14}$$

式中：Q_{out}——从着火房间流出的烟气体积流量（m^3/s）；

Q_{in}——流入着火房间的空气流量（m^3/s）；

T_{out}——从着火房间流出的烟气热力学温度（K）；

T_{in}——流入着火房间的空气热力学温度（K）。

若流入空气的温度为 20°C，当烟气温度为 250°C 时，烟气热膨胀的系数为 1.8；当烟气温度为 500°C 时，烟气热膨胀的系数为 2.6；当烟气温度达到 600°C 时，其体积约膨胀到原体积的 3 倍。由此可见，火灾燃烧过程中，从体积流量来说，因膨胀而产生大量体积烟气。若着火房间的门窗开着，由于流动面积较大，燃气膨胀引起的开口处的压差较小，可忽略。但是如果着火房间门窗关闭，并假定其中有足够多的氧气支持较长时间的燃烧，则燃气膨胀引起的压差将使烟气通过各种缝隙向非着火区流动。

四、外界风作用下的烟气运动

由于外界风的影响，建筑物的迎风侧产生正风压，背风侧产生负风压，而这种压力分布能够影响建筑物内的烟气流动。某些情况下，风的影响往往很大，可以超过其他驱动烟气运动的动力。

建筑物发生火灾时，经常出现着火房间窗户玻璃破碎的情况。如果破碎的窗户处于建筑物的背风侧，则外部风力产生的负风压会将烟气从着火房间中排出，大大缓解烟气在建筑内部的蔓延。相反，如果破碎的窗户处于建筑物的迎风侧，则外部风力所产生的正风压可以轻易地驱动整个建筑内的气体流动，使烟气在着火楼层内迅速蔓延，甚至蔓延到其他楼层。

五、通风空调系统引起的烟气运动

许多现代建筑都安装有供暖、通风和空调系统（HVAC），火灾过程中，HAVC 能够迅速传送烟气。在火灾的开始阶段，处于工作状态的 HVAC 系统有助于火灾探测，当火情发生在建筑中的无人区内，HVAC 系统能够将烟气迅速传送到有人的地方，使人们能够很快发现火情，及时报警和采取补救措施。然而，随着火势的加重，HVAC 系统也会将烟气传送到它能到达的任何地方，加速了烟气的蔓延，同时，它还可将大量新鲜空气输入火区，促进火势发展。

为了降低 HVAC 在火灾过程中的不利作用，延缓火灾的蔓延，应当在 HVAC 系统中采取保护措施。例如，在空气控制系统的管道中安装一些可由某种烟气探测器控制的阀门，一旦某个区域发生火灾，它们便迅速关闭，切断着火区域与其他部分的联系；或者根据对火灾的探测信号，设计可迅速关闭 HVAC 系统的装置，不过即使及时关闭了 HVAC 系统可避免其向着火区输入大量新鲜空气，然而却无法避免烟气的烟囱效应、浮力或外部风力的作用下通过其通风管道和建筑中其他开口四处蔓延。

复习思考题

一、单项选择题

1. 火灾烟气的成分和性质最重要的决定因素是（　　）。

A. 燃烧物质化学组成 　　　　　　　　B. 火灾起因

C. 燃烧时间 　　　　　　　　　　　　D. 燃烧温度

2. 缺氧条件下人的氧气含量短时致死浓度约为 ( )。

A. 6% B. 8% C. 10% D. 15%

3. 随着减光系数的增大，烟气的光学浓度 ( )。

A. 增大 B. 减小 C. 先增大再减小 D. 不变

4. 在任何情况下都能保证安全疏散的烟气极限光学浓度为 ( )。

A. 0.1m^{-1} B. 0.2m^{-1}

C. 0.3m^{-1} D. 0.5m^{-1}

5. 下列选项中不是火灾烟气中烟粒子浓度主要表示方法的是 ( )。

A. 质量浓度 B. 颗粒浓度

C. 体积浓度 D. 光学浓度

6. 着火房间火灾烟气相对压力的最大值约为 ( )

A. 40Pa B. 60Pa

C. 100Pa D. 150Pa

二、多项选择题

1. 火灾烟气的主要成分有 ( )。

A. 产生的高温气体 B. 悬浮固体微粒

C. 高沸点凝缩液滴 D. 剩余空气

2. 火灾烟气的危害性表现有 ( )。

A. 缺氧 B. 减光

C. 中毒 D. 尘害

E. 高温

三、简答题

1. 什么是疏散极限视距以及烟的允许极限浓度？

2. 火灾烟气的浓度表示方法有哪些？光学浓度与能见距离之间的关系如何？

3. 简单描述着火房间烟气流动的主要特点。

4. 什么是烟囱效应？烟囱效应对烟气的流动有何影响？

5. 建筑中烟气扩散流动的驱动力主要有哪些？

第三章　自然通风与自然排烟

自然通风与自然排烟是建筑火灾烟气控制中防烟排烟的方式，是经济适用且有效的防烟排烟方式。系统设计时，应根据使用性质、建筑高度及平面布置等因素，优先采用自然通风及自然排烟方式。

本章学习目标

1. 熟悉自然通风与自然排烟的原理。
2. 掌握自然通风与自然排烟方式的选择。
3. 熟悉自然通风与自然排烟设施的设置。
4. 掌握开窗有效面积的计算。

第一节　概　　述

一、防烟系统设置场所

根据现行国家标准《建筑设计防火规范（2018 年版）》的规定，建筑的下列场所和部位应设置防烟设施：

①防烟楼梯间及其前室；

②消防电梯间前室或合用前室；

③避难走道的前室、避难层（间）。

建筑高度不大于 50m 的公共建筑、厂房、仓库和建筑高度不大于 100m 的住宅，当其防烟楼梯间的前室或合用前室符合下列条件之一时，楼梯间可不设置防烟系统：

①前室或合用前室采用敞开的阳台、凹廊；

②前室或合用前室具有不同朝向的可开启外窗，且可开启外窗的面积满足自然排烟口的面积要求。

以上设置防烟设施的场所或部位，既可以使用自然通风方式，也可以使用机械防烟方式进行防烟，都是疏散逃生比较安全的场所，如防烟楼梯间及前室、消防电梯前室及合用前室、避难走道的前室及避难间等，在火灾中始终处于无有毒烟气的安全区域。

二、排烟系统设置场所

1. 厂房和仓库需要设置排烟设施的场所或部位有：①人员或可燃物较多的丙类生产场所，丙类厂房内建筑面积大于 300m² 且经常有人停留或可燃物较多的地上房间；

②建筑面积大于5000m²的丁类生产车间；③占地面积大于1000m²的丙类仓库；④高度大于32m的高层厂房（仓库）内长度大于20m的疏散走道，其他厂房（仓库）内长度大于40m的疏散走道。

2. 民用建筑需要设置排烟设施的场所或部位有：①设置在一、二、三层且房间建筑面积大于100m²的歌舞娱乐放映游艺场所，设置在四层及以上楼层、地下或半地下的歌舞娱乐放映游艺场所；②中庭；③公共建筑内建筑面积大于100m²且经常有人停留的地上房间；④公共建筑内建筑面积大于300m²且可燃物较多的地上房间；⑤建筑内长度大于20m的疏散走道。

3. 地下或半地下建筑（室）和地上建筑内的无窗房间需要设置排烟设施的场所或部位有：①总建筑面积大于200m²且经常有人停留或可燃物较多的；②一个房间建筑面积大于50m²且经常有人停留或可燃物较多的。

以上所有设置排烟设施的场所或部位，既可以采用自然排烟方式，也可使用机械排烟方式。设置排烟设施的场所一般为火灾负荷较大或人员较多的场所，火灾负荷较大会产生大量的有毒烟气，对人员的疏散造成很大的影响，排烟设施的设置能够将有毒烟气排出建筑，保证人员疏散的最小清晰高度。

第二节　自然通风

当建筑物发生火灾时，疏散楼梯是建筑物内部人员疏散的唯一通道。前室、合用前室是消防救援队员进行火灾扑救的起始场所，也是人员疏散必经的通道。因此，发生火灾时无论采用何种防烟方法，都必须保证它的安全性，防烟就是控制烟气不进入上述安全区域。

一、自然通风的原理

自然通风是以热压和风压作用的、不消耗机械动力的、经济的通风方式。如果室内外空气存在温度差或者窗户开口之间存在高度差，则会产生热压作用下的自然通风。当室外气流遇到建筑物时，会产生绕流流动，在气流的冲击下，将在建筑迎风面形成正压区，在建筑屋顶上部和建筑背风面形成负压区，这种建筑物表面所形成的空气静压变化即为风压。当建筑物受到热压、风压同时作用时，外围护结构上的备窗孔就会产生因内外压差引起的自然通风。由于室外风的风向和风速经常变化，因此导致风压是一个不稳定因素。

二、自然通风方式的选择

1. 一般设置。建筑高度小于或等于50m的公共建筑、工业建筑和建筑高度小于或等于100m的住宅建筑，其防烟楼梯间、独立前室、共用前室、合用前室（除共用前室与消防电梯前室合用外）及消防电梯前室应采用自然通风系统。

对于建筑高度小于或等于50m的公共建筑、工业建筑和建筑高度小于或等于100m的住宅建筑，由于这些建筑受风压作用影响较小，且一般不设火灾自动报警系统，利用建筑本身的采光通风也可基本起到防止烟气进一步进入安全区域的作用，因此建议防烟楼梯间、前室均采用自然通风方式的防烟系统，简便易行。

2. 封闭楼梯间自然通风设置。封闭楼梯间应采用自然通风系统，不能满足自然通风条件的封闭楼梯间，应设置机械加压送风系统。

封闭楼梯间靠外墙设置时，满足以下条件的可采用自然通风方式防烟：

（1）地下仅为一层，且地下最底层的地坪与室外出入口地坪高度差小于10m；首层有直接开向室外的门或有不小于 $1.2m^2$ 的可开启外窗。

（2）封闭楼梯间地上每五层内可开启外窗的有效面积不小于 $2m^2$，并应保证该楼梯间最高部位设有有效面积不小于 $1m^2$ 的可开启外窗、百叶窗或开口。

当地下、半地下建筑（室）的封闭楼梯间不与地上楼梯间共用且地下仅为一层时，可不设置机械加压送风系统，但首层应设置有效面积不小于 $1.2m^2$ 的可开启外窗或直通室外的疏散门。地下、半地下封闭楼梯间自然通风设置如图 3-1 所示。

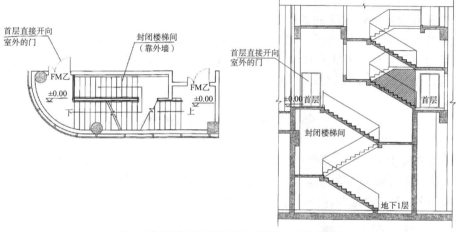

（a）地下封闭楼梯间首层设通向室外的门

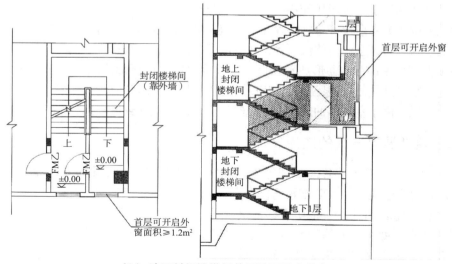

（b）地下封闭楼梯间首层设可开启外窗

图 3-1 地下、半地下封闭楼梯间自然通风设置

三、自然通风方式的设置

1. 楼梯间自然通风设置。采用自然通风方式的封闭楼梯间、防烟楼梯间，应在最高部位设置面积不小于 $1m^2$ 的可开启外窗或开口（如图 3 - 2 所示）；当建筑高度大于 10m 时，还应在楼梯间的外墙上每 5 层内设置总面积不小于 $2m^2$ 的可开启外窗或开口，且布置间隔不大于 3 层（如图 3 - 3 所示）。

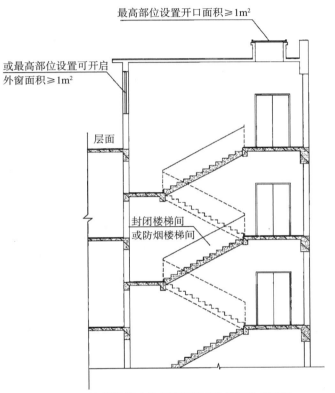

图 3 - 2　楼梯间最高位置设置可开启外窗或开口

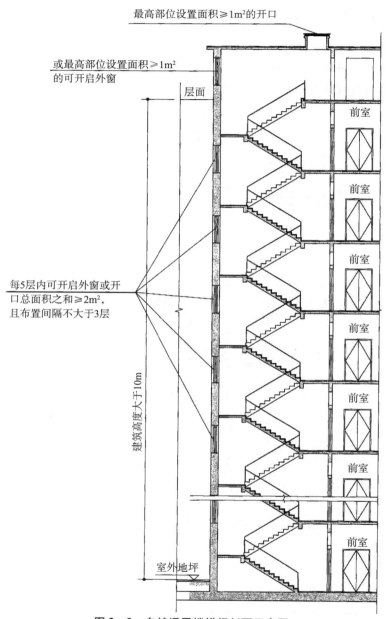

图 3 - 3　自然通风楼梯间剖面示意图

一旦有烟气进入楼梯间如不能及时排出，将会给上部人员疏散和消防救援带来很大的危险。根据烟气流动规律在顶层楼梯间设置一定面积的可开启外窗，可防止烟气的积聚，以保证楼梯间有较好的疏散和救援条件。

练习题：每层可开启外窗的有效使用面积为 $0.5m^2$，是否符合要求？

2. 前室自然通风设置。前室采用自然通风方式时，独立前室、消防电梯前室可开启外窗或开口的面积不应小于 $2m^2$，共用前室、合用前室不应小于 $3m^2$（如图 3 - 4 至图 3 - 6 所示）。

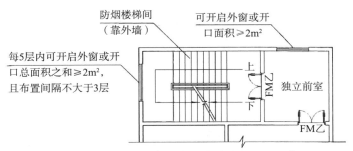

图 3 - 4　独立防烟楼梯间前室自然通风平面示意图

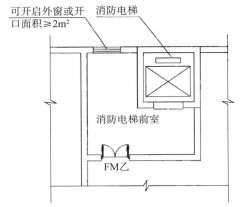

图 3 - 5　消防电梯前室自然通风平面示意图

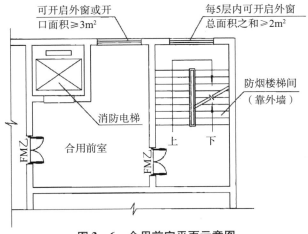

图 3 - 6　合用前室平面示意图

　　练习题：剪刀楼梯间共用前室与消防电梯前室合用，该共用前室使用自然通风并在每层设置面积为 $3m^2$ 的可开启外窗，是否可行？

　　3. 避难层自然通风设置。采用自然通风方式的避难层（间）应设有不同朝向的可开启外窗，其有效面积不应小于该避难层（间）地面面积的 2%，且每个朝向的面积不应小于 $2m^2$（如图 3 - 7 所示）。

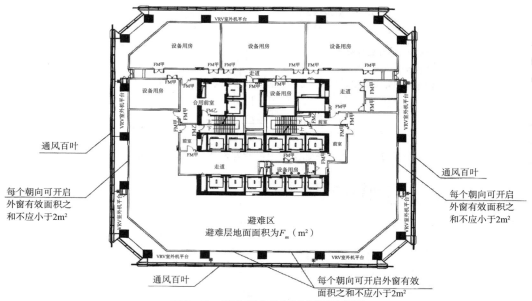

图 3-7　避难层自动通风平面示意图

（1）以此图为例，自然通风的避难层（间）不同朝向的可开启外窗或百叶窗，自然通风的总有效面积 F 应满足：$F \geqslant F_m \times 2\%$。

（2）对每个朝向的开窗面积作出规定，除保证排烟效果外，也是为了满足避难人员的新风要求。

4. 可开启外窗要求。可开启外窗应方便直接开启，设置在高处不便于直接开启的可开启外窗应在距地面高度为 1.3～1.5m 的位置设置手动开启装置（如图 3-8 和图 3-9 所示）。

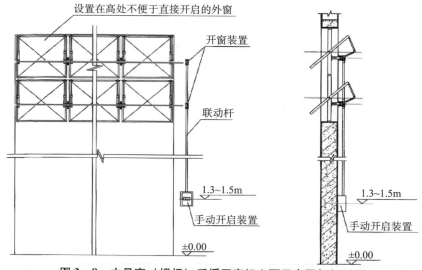

图 3-8　中悬窗（撑杆）手摇开窗机立面示意图与剖面图

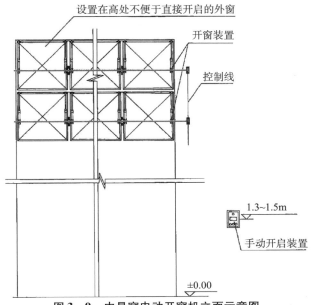

设置在高处不便于直接开启的外窗

开窗装置

控制线

1.3~1.5m

手动开启装置

±0.00

图 3 - 9　中悬窗电动开窗机立面示意图

第三节　自然排烟

一、自然排烟的原理

自然排烟是充分利用建筑物的构造，在自然力的作用下，即利用火灾产生的热烟气流的浮力和外部风力作用，通过建筑物房间或走廊的开口把烟气排至室外的排烟方式。这种排烟方式的实质是通过室内外空气对流进行排烟。在自然排烟中，必须有冷空气的进口和热烟气的排出口。一般采用可开启外窗以及专门设置的排烟口进行自然排烟，这种排烟方式经济、简单、易操作，并具有不需使用动力及专用设备等优点。自然排烟是简单、不消耗动力的排烟方式，系统无复杂的控制方法及控制过程，因此，对于满足自然排烟条件的建筑，首先应考虑采取自然排烟方式。

二、自然排烟方式的选择

1. 一般设置。高层建筑主要受自然条件（如室外风速、风压、风向等）的影响较大，许多场所无法满足自然排烟条件，故一般多采用机械排烟方式。多层建筑受外部条件影响较小，一般多采用自然排烟方式。

工业建筑中，因生产工艺的需要，出现了许多无窗或设置固定窗的厂房和仓库，丙类及以上的厂房和仓库内可燃物荷载大，一旦发生火灾，烟气很难排放。设置排烟系统既可为人员疏散提供安全环境，又可在排烟过程中导出热量，防止建筑或部分构件在高温下出现倒塌等恶劣情况，为消防救援队员进行灭火救援提供较好的条件。考虑到厂房、库房建筑的外观要求没有民用建筑的要求高，因此可以采用可熔材料制作的采光带和采光窗进行排烟。为保证可熔材料在平时环境中不会熔化和熔化后不会产生流淌火引燃下部可燃物，要求制作采光带和采光窗的可熔材料必须是只在高温条件下（一般大于最高环境温度50℃）自行熔化且不产生熔滴的可燃材料，其熔化温度应在120℃~150℃。

设有中庭的建筑，中庭应设置自然排烟系统，且应符合要求。

四类隧道和行人或非机动车辆的三类隧道，因长度较短、发生火灾的概率较低或火灾危险性较小，可不设置排烟设施。当隧道较短或隧道沿途顶部可开设通风口时，可以采用自然排烟方式。

根据《人民防空地下室设计规范》（GB 50038—2005）的规定，当自然排烟口的总面积大于本防烟分区面积的2%时，宜采用自然排烟方式。

《汽车库、修车库、停车场设计防火规范》（GB 50067—2014）对危险性较大的汽车库和修车库作出了统一的排烟要求。敞开式汽车库以及建筑面积小于1000m²的地下一层汽车库和修车库，其汽车进出口可直接排烟，且不大于一个防烟分区，可以不设排烟系统，但汽车库和修车库内最不利点至汽车坡道口不应大于30m。

2. 特殊要求。同一个防烟分区应采用同一种排烟方式（如图3-10所示）。

在同一个防烟分区内不应同时采用自然排烟方式和机械排烟方式，主要是考虑到两种方式相互之间对气流的干扰，影响排烟效果。尤其是在排烟时，自然排烟口还可能会在机械排烟系统启动后变成进风口，使其失去排烟作用。

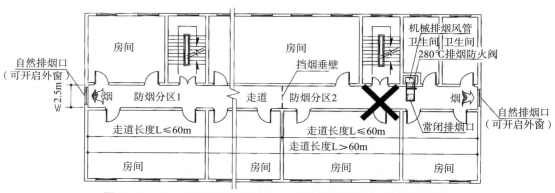

图3-10 同一防烟分区（走道）内并存两种排烟方式平面示意图

图3-10中，防烟分区1采用的是自然排烟方式，符合要求；而防烟分区2采用自然排烟方式和机械排烟方式共存，是错误的。

三、自然排烟方式的设置

1. 一般设置。采用自然排烟系统的场所应设置自然排烟窗（口）。自然排烟方式如图3-11所示。

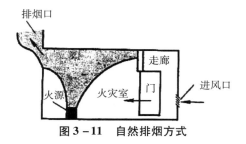

图 3-11 自然排烟方式

2. 排烟窗的位置设置。

（1）排烟窗应设置在排烟区域的顶部或外墙，并应符合下列要：

①当设置在外墙上时，排烟窗应在储烟仓以内，但走道、室内空间净高不大于 3m 的区域，其自然排烟窗可设置在室内净高度的 1/2 以上，开启形式应有利于烟气的排出。根据烟气上升流动的特点，建筑内部排烟口的位置越高，排烟效果就越好，因此排烟口通常设置在墙壁上部靠近顶棚处或顶棚上。房间净高小于 3m 时，排烟口下边缘在房间总高度一半以上的位置即可。

②宜分散均匀布置，每组排烟窗的长度不宜大于 3m。

③设置在防火墙两侧的排烟窗之间的水平距离不应小于 2m。

④自动排烟窗附近应同时设置便于操作的手动开启装置，手动开启装置距地面高度宜为 1.3~1.5m。

⑤走道设有机械排烟系统的建筑物，当房间面积不大于 200m² 时，除排烟窗的设置高度及开启方向可不限外，其余仍按上述要求执行。

⑥室内或走道的任一点至防烟分区内最近的排烟窗的水平距离不应大于 30m，当公共建筑室内高度超过 6m 且具有自然对流条件时，其水平距离可增加 25%。当工业建筑采用自然排烟方式时，其水平距离不应大于建筑内空间净高的 2.8 倍。

3. 排烟窗的有效面积计算。

$$A_v\,C_v = \frac{M_\rho}{\rho_0}\left[\frac{T^2 + \left(\dfrac{A_v\,C_v}{A_0\,C_0}\right)^2 T\,T_0}{2g\,d_b\Delta T\,T_0}\right]^{\frac{1}{2}} \qquad (3-1)$$

式中：A_v—— 排烟口截面积（m²）；

$\quad A_0$—— 所有进气口总面积（m²）；

$\quad C_v$—— 排烟口流量系数（通常选定范围为 0.5~0.7）；

$\quad C_0$—— 进气口流量系数（通常约为 0.6）；

$\quad g$ —— 重力加速度（m/s²）。

注：公式中 $A_v\,C_v$ 在计算时应采用试算法。

自然排烟系统是利用火灾热烟气的热浮力作为排烟动力，其排烟口的排放率在很大程度上取决于烟气的厚度和温度，自然排烟系统的优点是简单易行。

可开启外窗的形式有侧开窗和顶开窗。侧开窗有上悬窗、中悬窗、下悬窗、平开窗和侧拉窗等。在设计时，必须将这些作为排烟使用的窗设置在储烟仓内。如果中悬窗的下开口部分不在储烟仓内，则这部分的面积不能计入有效排烟面积。在计算有效排烟面积时，侧拉窗按实际拉开后的开启面积计算，其他形式的窗按其开启投影面积计算，计算公式为：

$$F_p = F_c \sin\alpha \qquad (3-2)$$

式中：F_p——有效排烟面积（m^2）；

F_c——窗的面积（m^2）；

α——窗的开启角度。

①当窗的开启角度大于70°时，可认为已经基本开直，排烟有效面积可认为与窗面积相等；当开窗角小于或等于70°时，其面积应按窗最大开启时的水平投影面积计算。各种形式的悬窗剖面图如图3-12所示。

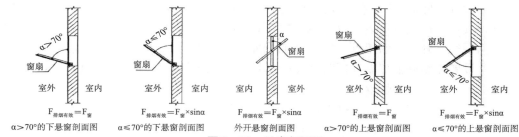

图3-12 悬窗剖面图

练习题：某下悬窗的尺寸为长3m，宽2m，该下悬窗的开启角度为80°，请计算该下悬窗的有效开启面积是多少？如果下悬窗的开启角度为45°，该下悬窗的有效开启面积又为多少呢？

②当采用开窗角大于70°的平开窗时，其面积应按窗的面积计算；当开窗角小于或等于70°时，其面积应按窗最大开启时的竖向投影面积计算。安装在屋顶和外墙的平开窗剖面图如图3-13和图3-14所示。

图3-13 安装在屋顶平开窗剖面图

图3-14 安装在外墙平开窗剖面图

③当采用推拉窗时，其面积应按开启的最大窗口面积计算。推拉窗示意图如图 3 – 15 所示。

④当采用百叶窗时（如图 3 – 16 所示），其面积应按窗的有效开口面积计算。当采用百叶窗时，窗的有效面积为窗的净面积乘以遮挡系数，根据工程实际经验，当采用防雨百叶窗时系数取 0.6，当采用一般百叶窗时系数取 0.8。

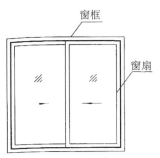

$F_{排烟有效}$＝开启的最大窗口面积

图 3 – 15　推拉窗立面示意图

$F_{排烟有效}$＝$F_{窗}$×有效面积系数

图 3 – 16　百叶窗立面示意图

⑤当平推窗设置在顶部时（如图 3 – 17 所示），其面积可按窗的 1/2 周长与平推距离乘积计算，且不应大于窗面积。

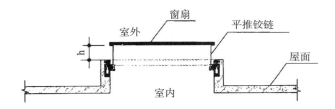

$F_{排烟有效}$＝$0.5 \times F_{窗周长} \times h \leqslant F_{窗面积}$

图 3 – 17　设置在顶部的平推窗剖面示意图

⑥当平推窗设置在外墙时（如图 3 – 18 所示），其面积可按窗的 1/4 周长与平推距离乘积计算，且不应大于窗面积。

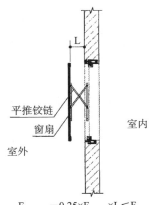

$F_{排烟有效}$＝$0.25 \times F_{窗周长} \times L \leqslant F_{窗面积}$

图 3 – 18　设置在外墙上的平推窗剖面示意图

4. 高大空间自然排烟方式的设置。当公共建筑中的营业厅、展览厅、观众厅、多功能厅及体育馆、客运站、航站楼以及类似建筑中高度超过 9m 的中庭等公共场所采用自然排烟方式时，应采取下列措施：

①设置在高位不便于直接开启的自然排烟窗（口），应设置距地面高度 1.3 ~ 1.5m 的手动开启装置。手动开启一般是通过操作机械装置实现排烟窗的开启，为便于人员操作和保护装置规定了开启装置的设置高度。

②设置集中手动开启装置和自动开启设施。当手动开启装置集中设置于一处确实困难时，可分区、分组集中设置，但应确保任意一个防烟分区内的所有自然排烟窗均能统一集中开启，且应设置在人员疏散口附近。

5. 厂房和仓库的自然排烟窗（口）设置。

①当设置在外墙时，自然排烟窗（口）应沿建筑物的两条对边均匀设置（如图 3 - 19 所示）。

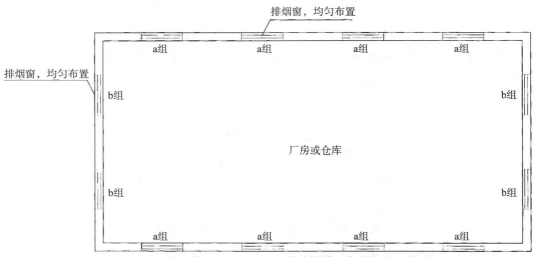

图 3 - 19　自然排烟窗（口）沿建筑外墙的两条对边均匀布置

在外墙上设置的排烟窗，应尽量在建筑的两侧长边的高位均匀、对称布置。

②当设置在屋顶时，自然排烟窗（口）应在屋面均匀设置且宜采用自动控制方式开启；当屋面斜度小于或等于 12°时，每 200m² 的建筑面积应设置相应的自然排烟窗（口）；当屋面斜度大于 12°时，每 400m² 的建筑面积应设置相应的自然排烟窗（口）。

6. 可熔性采光带。除洁净厂房外，设置自然排烟系统的任一层建筑面积大于 2500m² 的制鞋、制衣、玩具、塑料、木器加工储存等丙类工业建筑，除自然排烟所需的排烟窗（口）外，尚宜在屋面上增设可熔性采光带（窗），其面积应符合下列规定：

①未设置自动喷水灭火系统的，或采用钢结构屋顶，或采用预应力钢筋混凝土屋面板的建筑，不应小于楼地面面积的 10%；

②其他建筑不应小于楼地面面积的 5%。

注：可熔性采光带（窗）的有效面积应按其实际面积计算。

复习思考题

一、单项选择题

1. 根据现行国家标准《建筑防烟排烟系统技术标准》（GB 51251—2017），下列民用建筑楼梯间的防烟设计方案中，错误的是（　　　）。

A. 建筑高度 97m 的住宅建筑，防烟楼梯间及其前室均采用自然通风方式防烟

B. 采用自然通风方式的封闭楼梯间，在最高部位设置面积为 1m² 的固定窗

C. 建筑高度 48m 的办公楼，防烟楼梯间及其前室采用自然通风方式防烟

D. 采用自然通风的防烟楼梯间，楼梯间外墙上开设的可开启外窗最大的布置间隔为 3 层

2. 下列关于自然排烟的说法，错误的是（　　　）。

A. 建筑面积为 800m² 的地下车库可采用自然排烟方式

B. 采用自然排烟的场所可不划分防烟分区

C. 防烟楼梯间及其前室不应采用自然排烟方式

D. 建筑高度小于 50m 的公共建筑，宜优先考虑自然排烟方式

3. 净空高度不大于 6m 的民用建筑采用自然排烟的防烟分区内任一点至最近排烟窗的水平距离不应大于（　　　）m。

A. 20　　　　　　　B. 35　　　　　　　C. 50　　　　　　　D. 30

二、简答题

1. 哪些建筑可以采用自然通风方式进行防烟？

2. 自然通风设施的设置有哪些要求？

3. 对设置在墙上的排烟窗的设置要求有哪些？

4. 民用建筑自然排烟可开启外窗的有效排烟面积如何计算？

第四章　机械加压送风系统

建筑物发生火灾时，疏散楼梯间是建筑物内部人员疏散的通道，而独立前室、共用前室、合用前室及消防电梯前室等是消防队员进行火灾扑救的起始场所。因此，火灾发生时首要的就是控制烟气进入上述安全区域。

对于高度较高的建筑，其自然通风效果受建筑本身的密闭性以及自然环境中的风向、风压的影响较大，难以保证防烟效果，因此需要采用机械加压送风方式，将室外新鲜空气输送到疏散楼梯间、独立前室、共用前室、合用前室及消防电梯前室，以阻止烟气向这些安全区域蔓延。

本章学习目标

1. 熟悉机械加压送风系统的组成。
2. 了解机械加压送风原理。
3. 掌握机械加压送风系统的选择和主要设计参数，了解设计参数的计算方法。
4. 熟悉系统组件及其设置方式。

第一节　机械加压送风系统概述

机械加压送风系统是指通过采用机械加压送风方式阻止火灾烟气侵入楼梯间、前室、避难层（间）等空间的系统。在不具备自然通风条件时，机械加压送风系统是确保火灾中建筑疏散楼梯间及前室（合用前室）安全的主要措施。

一、机械加压送风系统的工作原理

机械加压送风方式是通过送风机所产生的气体流动和压力差来控制烟气的流动，即在建筑内发生火灾时，对着火区以外的有关区域进行送风加压，使其保持一定正压，以防止烟气侵入的防烟方式。如图 4-1 所示。

为保证疏散通道不受烟气侵害，使人员安全疏散，发生火灾时，从安全性的角度出发，高层建筑内可分为四类安全区：第一类安全区为防烟楼梯间、避难层；第二类安全区为防烟楼梯间前室、消防电梯间前室或合用前室；第三类安全区为走道；第四类安全区为房间。依据上述原则，加压送风时应使防烟楼梯间压力＞前室压力＞走道压力＞房间压力，同时还要保证各部分之间的压力差不要过大，以免造成开门困难，影响疏散。当火灾发生时，机械加压送风系统应能够及时开启，防止烟气侵入作为疏散通道的走廊、楼梯间及其前室，以确保有一个安全可靠、畅通无阻的疏散通道和环境，为安全疏散提供足够的时间。

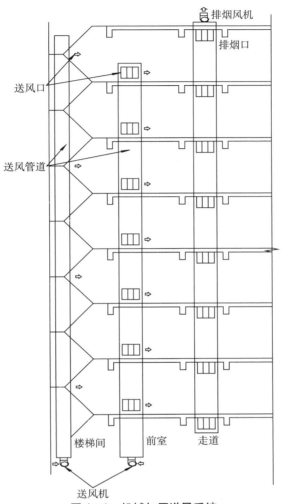

图 4－1　机械加压送风系统

二、机械加压送风系统的设置部位

　　机械防烟方式保护的对象主要是建筑物内的疏散通道。在设计中，一般都是把疏散通道作为防烟部位，而不把可能会发生火灾的空间作为防烟部位，否则，不仅不能阻止烟气向疏散通道侵入，而且还会助长火灾的发展蔓延。当建筑物发生火灾时，疏散楼梯间是建筑物内部人员疏散的通道，同时，前室、合用前室是消防队员进行火灾扑救的起始场所，因此，在火灾发生时首要的任务就是控制烟气进入上述安全区域。《建筑设计防火规范（2018 年版）》中明确规定了建筑的下列场所或部位应设置防烟设施：

　　（1）防烟楼梯间及其前室；

　　（2）消防电梯间前室或合用前室；

　　（3）避难走道的前室、避难层（间）。

从保障高层建筑内人员安全脱险、避免伤亡事故出发，结合我国目前的具体情况，建筑高度超过100m、规模大、人员多的高层公共建筑，应设避难间或避难层。根据当地气候条件，避难层（间）可以是敞开的，也可以是封闭的。凡四季不结冰的地区，可以采用敞开式避难层（间），即只设窗口，不装窗扇或做成百叶窗扇；而在冬季结冰的地区，应采用封闭式避难层（间）。当发生火灾时，为了阻止烟气入侵，必须对封闭式避难层（间）设置独立的机械防烟设施，这样不但可以保证避难层（间）内的正压值，而且也为避难人员的呼吸提供室外新鲜空气。

三、机械加压送风系统的选择

建筑防烟系统的设计应根据建筑高度、使用性质等因素，采用自然通风系统或机械加压送风系统。

1. 建筑高度大于50m的公共建筑、工业建筑和建筑高度大于100m的住宅建筑，其防烟楼梯间、消防电梯前室应采用机械加压送风方式的防烟系统。

对于高度较高的建筑，其自然通风效果受建筑本身的密闭性以及自然环境中风向、风压的影响较大，难以保证防烟效果，所以需要采用机械加压来保证防烟效果。

2. 建筑高度小于或等于50m的公共建筑、工业建筑和建筑高度小于或等于100m的住宅建筑，其防烟楼梯间、独立前室、共用前室、合用前室及消防电梯前室应采用自然通风系统；当不能设置自然通风系统时，应采用机械加压送风系统。防烟系统的选择，还应符合下列规定：

（1）当独立前室或合用前室满足下列条件之一时，楼梯间可不设置防烟系统：

①采用全敞开的阳台、凹廊；

②设有两个及以上不同朝向的可开启外窗，且独立前室两个外窗面积满足自然排烟口的面积要求（独立前室分别不小于2m²，合用前室分别不小于3m²）。

（2）当独立前室、共用前室及合用前室采用机械加压送风系统，且其加压送风口设置在前室的顶部或正对前室入口的墙面上时，楼梯间可采用自然通风方式。

（3）当防烟楼梯间在裙房高度以上部分采用自然通风时，不具备自然通风条件的裙房的独立前室、共用前室及合用前室应采用机械加压送风系统，且独立前室、共用前室及合用前室送风口的设置方式应符合相关规定。

对于建筑高度小于或等于50m的公共建筑、工业建筑和建筑高度小于或等于100m的住宅建筑，由于这些建筑受风压作用影响较小，且一般不设火灾自动报警系统，利用建筑本身的采光通风也可基本起到防止烟气进一步进入安全区域的作用，因此建议防烟楼梯间、前室均采用自然通风方式的防烟系统，简便易行。当楼梯间、前室不能采用自然通风方式时，其设计应根据各自的通风条件，选用标准给出的相应的机械加压送风方式。考虑到安全性，共用前室与消防电梯前室合用时宜采用机械加压送风方式的防烟系统。

当采用全敞开的凹廊、阳台作为防烟楼梯间的前室、合用前室，或者防烟楼梯间前室、合用前室具有两个不同朝向的可开启外窗且可开启外窗面积符合规定时，可以认为前室、合用前室自然通风性能优良，能及时排出从走道漏入前室、合用前室的烟气并可防止烟气进入防烟楼梯间，因此可以仅在前室设置防烟设施，楼梯间不设。

在一些建筑中，楼梯间设有满足自然通风的可开启外窗但其前室无外窗，要使烟气不进入防烟楼梯间，就必须对前室增设机械加压送风系统，并且对送风口的位置提出严格要求。将前室的机械加压送风口设置在前室的顶部，其目的是形成有效阻隔烟气的风幕；而将送风口设在正对前室入口的墙面上，是为了形成正面阻挡烟气侵入前室的效果。当前室的加压送风口的设置不符合上述规定时，其楼梯间就必须设置机械加压送风系统。

在建筑高度小于或等于50m的公共建筑、工业建筑和建筑高度小于或等于100m的住宅建筑中，在建筑布置时，可能会出现裙房高度以上部分利用可开启外窗进行自然通风，裙房高度范围内不具备自然通风条件的布局，为了保证防烟楼梯间下部的安全并且不影响其上部，对该高层建筑中不具备自然通风条件的前室、共用前室及合用前室，规定设置局部正压送风系统。其送风口应设置在前室的顶部或将送风口设在正对前室入口的墙面上。

3. 建筑地下部分的防烟楼梯间前室及消防电梯前室，当自然通风条件或自然通风不符合要求时，应采用机械加压送风系统。

4. 防烟楼梯间及前室的机械加压送风系统的设置应符合下列要求：

（1）建筑高度小于或等于50m的公共建筑、工业建筑和建筑高度小于或等于100m的住宅建筑，当采用独立前室且其仅有一个门与走道或房间相通时，可仅在楼梯间设置机械加压送风系统；当独立前室有多个门时，楼梯间、独立前室应分别独立设置机械加压送风系统。

（2）当采用合用前室时，楼梯间、合用前室应分别独立设置机械加压送风系统。

（3）当采用剪刀楼梯时，其两个楼梯间及前室的机械加压送风系统应分别独立设置。

根据气体流动规律，防烟楼梯间及前室之间必须形成压力梯度才能有效地阻止烟气，如将两者的机械加压送风系统合设一个管道甚至一个系统，很难保证压力差的形成，所以一般情况下在楼梯间、前室分别加压送风。当前室为独立前室时，因其漏风泄压较少，可以采用仅在楼梯间送风，而前室不送风的方式，也能保证防烟楼梯间及其前室（楼梯间—前室—走道）形成压力梯度。当采用共用前室或合用前室时，机械加压送风的楼梯间溢出的空气会通过共用前室或合用前室的其他开口或缝隙而流失，无法保证共用前室或合用前室和走道之间压力梯度，不能有效地防止烟气的侵入，此时楼梯间、共用前室或合用前室应分别独立设置机械加压送风的防烟设施。

对于剪刀楼梯无论是公共建筑还是住宅建筑，为了保证两部楼梯的加压送风系统不至于在火灾发生时同时失效，其两部楼梯间和前室、合用前室的机械加压送风系统（风机、风道、风口）应分别独立设置，两部楼梯间也要独立设置风机和风道、风口。

5. 封闭楼梯间应采用自然通风系统（如图4-2所示），不能满足自然通风条件的封闭楼梯间，应设置机械加压送风系统（如图4-3所示）。当地下、半地下建筑（室）的封闭楼梯间不与地上楼梯间共用且地下仅为一层时，可不设置机械加压送风系统，但首层应设置有效面积不小于1.2m²的可开启外窗或直通室外的疏散门。

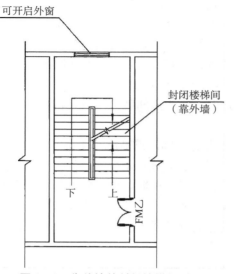

图 4-2 靠外墙的封闭楼梯间利用
可开启外窗自然通风

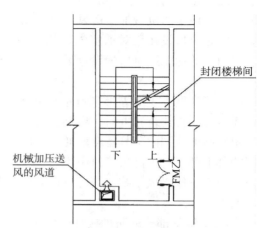

图 4-3 无自然通风条件的封闭楼梯间
采用机械加压送风系统方式防烟

封闭楼梯间也是火灾时人员疏散的通道，当楼梯间没有设置可开启外窗时或开窗面积达不到标准规定的面积时，进入楼梯间的烟气就无法有效排除，影响人员疏散，这时就应在楼梯间设置机械加压送风进行防烟。

对于设在地下的封闭楼梯间，当其服务的地下室层数仅为 1 层且最底层地坪与室外地坪高度差小于 10m 时，为体现经济合理的建设要求，只要在其首层设置了直接开向室外的门或设有不小于 1.2m² 的可开启外窗即可。

6. 避难走道应在其前室及避难走道分别设置机械加压送风系统，但下列情况可仅在前室设置机械加压送风系统：

（1）避难走道一端设置安全出口，且总长度小于 30m；

（2）避难走道两端设置安全出口，且总长度小于 60m。

避难走道多用作解决大型建筑中疏散距离过长，或难以按照标准要求设置直通室外的安全出口等问题。疏散时人员只要进入避难走道，就视作进入相对安全的区域。为了严防烟气侵袭避难走道，需要在前室和避难走道分别设置机械加压送风系统。对于疏散距离在 30m 以内的避难走道，由于疏散距离较短，可仅在前室设置机械加压送风系统。

7. 建筑高度大于 100m 的高层建筑，其送风系统应竖向分段设计，且每段高度不应超过 100m。

建筑高度超过 100m 的建筑，其加压送风的防烟系统对人员疏散至关重要，如果不分段可能造成局部压力过高，给人员疏散造成障碍；或局部压力过低，不能起到防烟作用，因此要求对系统分段。

8. 建筑高度小于等于 50m 的建筑，当楼梯间设置加压送风井（管）道确有困难时，楼梯间可采用直灌式加压送风系统，并应符合下列规定：

（1）建筑高度大于 32m 的高层建筑，应采用楼梯间两点部位送风的方式，送风口之间距离不宜小于建筑高度的 1/2；

（2）直灌式加压送风系统的送风量应按计算值或按表 4-1 至表 4-4 中的送风量增加 20%。

（3）加压送风口不宜设在影响人员疏散的部位。

在确实没有条件设置送风井道时，楼梯间可采用直灌式送风。直灌式送风是采用安装在建筑顶部或底部的风机，不通过风道（管），直接向楼梯间送风的一种防烟形式。经试验证明，直灌式加压送风方式是一种较适用的替代不具备条件采用金属（非金属）井道时的加压送风方式。为了有利于压力均衡，规定建筑高度大于 32m 的高层建筑，应采用楼梯间两点送风的方式，送风口之间距离不宜小于建筑高度的 1/2。同时为了弥补漏风，要求直灌式送风机的送风量比表 4-1 至表 4-4 中的送风量增加 20%。

直灌式送风通常是直接将送风机设置在楼梯间的顶部，也有设置在楼梯间附近的设备平台上或其他楼层，送风口直对楼梯间，由于楼梯间通往安全区域的疏散门（包括一层、避难层、屋顶通往安全区域的疏散门）开启的概率最大，加压送风口应远离这些楼层，避免大量的送风从这些楼层的门洞泄漏，导致楼梯间的压力分布均匀性差。

9. 设置机械加压送风系统的楼梯间的地上部分与地下部分，其机械加压送风系统应分别独立设置。当受建筑条件限制，且地下部分为汽车库或设备用房时，可共用机械加压送风系统，并应符合下列规定：

（1）分别计算地上、地下部分的加压送风量，相加后作为共用加压送风系统风量；

（2）应采取有效措施分别满足地上、地下部分的送风量的要求。

这是因为当地下、半地下与地上的楼梯间在一个位置布置时，由于《建筑设计防火规范（2018 年版）》要求在首层必须采取防火分隔措施，因此实际上就是两个楼梯间。当这两个楼梯间合用加压送风系统时，应分别计算地下、地上楼梯间加压送风量，合用加压送风系统风量应为地下、地上楼梯间加压送风量之和。通常地下楼梯间层数少，因此在计算地下楼梯间加压送风量时，开启门的数量取 1。为满足地上、地下送风量的要求且不造成超压，在设计时必须注意在送风系统中设置余压阀等相应的有效措施。

10. 避难层应设置直接对外的可开启窗口或独立的机械防烟设施，外窗应采用乙级防火窗或耐火极限不低于 1h 的 C 类防火窗。

11. 人防工程的下列部位应设置机械加压送风防烟设施：防烟楼梯间及其前室或合用前室；避难走道的前室。

12. 建筑高度大于 32m 的高层汽车库、室内地面与室外出入口地坪的高度差大于 10m 的地下汽车库，应采用防烟楼梯间。

四、机械加压送风系统的优缺点

1. 机械加压送风系统的优点。根据我国当前经济技术水平，在设有机械防烟设施的建筑物中，气流组织应尽量避免烟气流动的方向和人流疏散的方向一致。由于人员的疏散方向为：着火房间→走廊→前室→楼梯等垂直疏散通道向外疏散，那么，机械防烟气流的流向应该是：楼梯间→前室→走廊→房间。这样的气流流向有助于烟气从着火房间通过窗户排至室外，保证人员在疏散过程中接触烟气的机会减少，这对生命安全是有利的。

（1）确保疏散通道的安全。机械防烟保持正压的状况，风道截面面积小，占用的有效空间也少，比较经济。送风机一般设在地下室和一层，供电线短路被烧毁的可能性小，送风机也不受高温烟气的威胁，比较安全可靠，有效地防止了烟气侵入所控制的区域，而且由于送入大量的新鲜空气，特别适合作为疏散通道的楼梯间、电梯间及其前室的防烟，确保疏散通路的安全。

（2）降低对建筑物某些部位的耐火要求。由于机械加压送风系统送入的新鲜空气对烟气起到了冷却作用，降低了整个着火区的温度水平，也相应降低了可能侵入疏散通道的烟气温度。这样一来，原先对疏散通道的耐火要求就可以适当降低，包括围护结构和进出口的门等。

（3）便于旧式建筑物的防烟技术改造。首先是建立机械防烟系统比较简单，不必对建筑物本体进行较大的改动，工作量较小，改造工期较短。其次是对疏散通道的围护结构和进出口的门基本上可以原封不动，既省工又省料。

2. 机械加压送风系统的缺点。其缺点主要是当加压送风楼梯间的正压值过高时，会使楼梯间通向前室或走廊的门打不开。

第二节　机械加压送风系统的主要设计参数

一、加压送风量的要求

1. 加压送风量的设计风量。充分考虑实际工程中由于风管（道）的漏风与风机制造标准中允许风量的偏差等各种风量损耗的影响，为保证机械加压送风系统效能，机械加压送风系统的设计风量不应小于计算风量的 1.2 倍。

2. 防烟楼梯间、前室的机械加压送风的风量应由式（4-4）至式（4-8）规定的计算方法确定，当系统负担建筑高度大于 24m 时，应按计算值与表 4-1 至表 4-4 的值中的较大值确定。

表 4-1　消防电梯前室加压送风的计算风量

系统负担高度 h（m）	加压送风量（m³/h）
24 < h ≤ 50	35400 ~ 36900
50 < h ≤ 100	137100 ~ 40200

表 4-2　楼梯间自然通风，独立前室、合用前室加压送风的计算风量

系统负担高度 h（m）	加压送风量（m³/h）
24 < h ≤ 50	42400 ~ 44700
50 < h ≤ 100	45000 ~ 48600

表 4 - 3　前室不送风，封闭楼梯间、防烟楼梯间加压送风的计算风量

系统负担高度 h（m）	加压送风量（m³/h）
24 < h ≤ 50	36100 ~ 39200
50 < h ≤ 100	39600 ~ 45800

表 4 - 4　防烟楼梯间及独立前室、合用前室分别加压送风的计算风量

系统负担高度 h（m）	送风部位	加压送风量（m³/h）
24 < h ≤ 50	楼梯间	25300 ~ 27500
	独立前室、合用前室	24800 ~ 25800
50 < h ≤ 100	楼梯间	27800 ~ 32200
	独立前室、合用前室	26000 ~ 28100

注：1. 表 4 - 1 至表 4 - 4 的风量按开启 1 个 2m×1.6m 的双扇门确定。当采用单扇门时，其风量可乘以系数 0.75 计算；

2. 表中风量按开启着火层及其上下两层，共开启三层的风量计算；

3. 表中风量的选取应按建筑高度或层数、风道材料、防火门漏风量等因素综合确定。

3. 住宅的剪刀楼梯间可合用一个机械加压送风风道和送风机，送风口应分别设置，送风量应按两个楼梯间风量计算。

4. 人民防空工程的防烟楼梯间的机械加压送风量不应小于 25000m³/h。当防烟楼梯间与前室或合用前室分别送风时，防烟楼梯间的送风量不应小于 16000m³/h，前室或合用前室的送风量不应小于 12000m³/h。

二、加压送风量的计算

1. 封闭避难层（间）、避难走道及前室的机械加压送风量。

（1）封闭避难层（间）、避难走道的机械加压送风量。封闭避难层（间）、避难走道的机械加压送风量应按避难层（间）净面积每平方米不少于 30m³/h 计算。以避难走道为例，如图 4 - 4 所示，避难走道的机械加压送风量按避难走道地面净面积 30m³/（m²·h）计算，即：

$$L = F_m \times 30 \quad (m^3/h) \qquad (4-1)$$

当发生火灾时，为了阻止烟气侵入，对封闭式避难层（间）设置机械加压送风系统，不但可以保证避难层内一定的正压值，也可为避难人员的呼吸提供必需的室外新鲜空气。这个机械加压送风量是参考现行国家标准《人民防空工程设计防火规范》（GB 50098—2009）中人员掩蔽室内时清洁通风的通风量取值的，即每人每小时 6m³ ~ 7m³。为了方便设计人员计算，以避难层净面积每平方米需要 30m³/h 计算，即按每平方米可容纳 5 人计算。避难走道也一样。

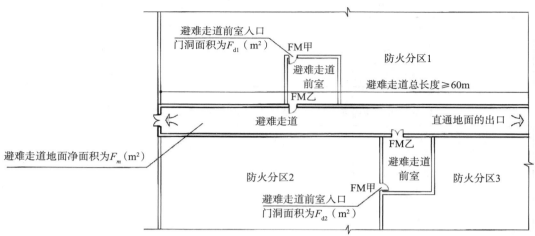

图4-4 避难走道、避难走道前室平面示意图

（2）避难走道前室的机械加压送风量。避难走道前室的机械加压送风量应按直接开向前室的疏散门的总断面积乘以1m/s门洞断面风速计算。需要注意的是，这里面疏散门的总断面面积取决于门的个数。

如图4-4，避难走道前室的机械加压送风量按直接开向避难走道前室的门洞风速取1m/s计算，即：

$$L_1 = F_{d1} \times 1 \times 3600 \quad (m^3/h) \qquad (4-2)$$

$$L_2 = F_{d2} \times 1 \times 3600 \quad (m^3/h) \qquad (4-3)$$

2. 楼梯间或前室、合用前室的机械加压送风量的计算公式。

$$L_j = L_1 + L_2 （楼梯间） \qquad (4-4)$$

$$L_s = L_1 + L_3 （前室） \qquad (4-5)$$

式中：L_j——楼梯间的机械加压送风量；

L_s——前室的机械加压送风量；

L_1——门开启时，达到规定风速值所需的送风量（m^3/s）；

L_2——门开启时，规定风速值下，其他门缝漏风总量（m^3/s）；

L_3——未开启的常闭送风阀的漏风总量（m^3/s）。

根据气体流动规律，如果正压送风系统缺少必要的风量，送风口没有足够的风速，就难以形成满足阻挡烟气进入安全区域的能量。烟气一旦进入安全区域，将严重影响人员安全疏散。通过工程实测得知，加压送风系统的风量仅按保持该区域门洞处的风速进行计算是不够的。这是因为门洞开启时，虽然加压送风开门区域中的压力会下降，但远离门洞开启楼层的加压送风区域或管井仍具有一定的压力，存在门缝、阀门和管道的渗漏风，使实际开启门洞风速达不到设计要求。因此，在计算系统送风量时，对于楼梯间、常开风口，按照疏散层的门开启时其门洞达到规定风速值所需的送风量和其他门漏风总量之和计算。对于前室、常闭风口，按照其门洞达到规定风速值所需的送风量以及未开启常闭送风阀漏风总量之和计算。一般情况下，经计算后楼梯间窗缝或合用前室电梯门缝的漏风量对总送风量的影响很小，在工程允许范围内可以忽略不计。如遇漏风量很大的情况，计算中可加上此部分漏风量。

3. 门开启时，达到规定风速值所需的送风量 L_1 的计算公式。

$$L_1 = A_k v N_1 \tag{4-6}$$

式中：A_k——一层内开启门的截面面积（m²）；

　　　v——门洞断面风速（m/s）；

　　　N_1——设计疏散门开启的楼层数量。

（1）A_k 的取值：对于住宅楼梯前室，可按一个门的面积取值。

（2）v 的取值：当楼梯间机械加压送风、合用前室机械加压送风时，取 $v = 0.7\text{m/s}$；当楼梯间机械加压送风、只有一个开启门的独立前室不送风时，门洞断面风速取 $v = 1.0\text{m/s}$；当独立前室或合用前室采用机械加压送风方式且楼梯间采用可开启外窗的自然通风方式时，通向独立前室或合用前室疏散门的门洞风速不应小于 $0.6\,(A_1/A_g + 1)$（m/s），其中 A_1 为楼梯间疏散门的总面积，A_g 为前室疏散门的总面积。

（3）N_1 的取值：对于楼梯间，采用常开风口，当地上楼梯间为 24m 以下时，设计 2 层内的疏散门开启，取 $N_1 = 2$；当地上楼梯间为 24m 及以上时，设计 3 层内的疏散门开启，取 $N_1 = 3$；当为地下楼梯间时，设计 1 层内的疏散门开启，取 $N_1 = 1$。对于前室，采用常闭封口，计算风量时取 $N_1 = 3$。需要说明的是，对于楼梯间来说，其开启门是指前室通向楼梯间的门；对于前室，是指走廊或房间通向前室的门。

4. 门开启时，规定风速值下的其他门漏风总量 L_2 的计算公式。

$$L_2 = 0.827 \times A \times \Delta P^{1/n} \times 1.25 \times N_2 \tag{4-7}$$

式中：A——每个疏散门的有效漏风面积（m²），疏散门的门缝宽度取 $0.002 \sim 0.004\text{m}$；

　　　ΔP——计算漏风量的平均压力差（Pa），当开启门洞处风速为 0.7m/s 时取 $\Delta P = 6\text{Pa}$，当开启门洞处风速为 1m/s 时取 $\Delta P = 12\text{Pa}$，当开启门洞处风速为 1.2m/s 时取 $\Delta P = 17\text{Pa}$；

　　　n——指数（一般取 $n = 2$）；

　　　1.25——不严密处附加系数；

　　　N_2——漏风疏散门的数量，楼梯间采用常开风口，取 $N_2 =$ 加压楼梯间的总门数 $- N_1$。

5. 未开启的常闭送风阀的漏风总量 L_3 的计算公式。

$$L_3 = 0.083 \times A_f N_3 \tag{4-8}$$

式中：A_f——单个送风阀门的面积（m²）；

　　　0.083——阀门单位面积的漏风量 $[\text{m}^3/(\text{s}\cdot\text{m}^2)]$；

　　　N_3——漏风阀门的数量，前室采用常闭风口，取 $N_3 =$ 楼层数 $- 3$。

5. 例题。

【例1】某商务大厦办公防烟楼梯间 13 层、高 48.1m，每层楼梯间 1 个双扇门 1.6m×2m，楼梯间的送风口均为常开风口；前室也是 1 个双扇门 1.6m×2m。只在楼梯间进行加压送风量。求楼梯间的机械加压送风量。

计算：

（1）开启着火层疏散门时为保持门洞处风速所需的送风量 L_1 确定：

$$L_1 = A_k v N_1$$

其中，开启门的截面面积 $A_k = 1.6 \times 2 = 3.2$（m^2）；

门洞断面风速取 $v = 1$（m/s）；

常开风口，开启门的数量 $N_1 = 3$；

所以，$L_1 = A_k v N_1 = 3.2 \times 1 \times 3 = 9.6$（$m^3/s$）。

（2）对于楼梯间，保持加压部位一定的正压值所需的送风量 L_2 确定：

$$L_2 = 0.827 \times A \times \Delta P^{1/n} \times 1.25 \times N_2$$

其中，取门缝宽度为 0.004m，每层疏散门的有效漏风面积 $A = (2 \times 3 + 1.6 \times 2) \times 0.04 = 0.0368$（$m^2$）；

门开启时的压力差取 $\Delta P = 12$（Pa）；

漏风门的数量 $N_2 = 13 - 3 = 10$；

所以，$L_2 = 0.827 \times 0.0368 \times 12^{1/2} \times 1.25 \times 10 = 1.32$（$m^3/s$）。

（3）楼梯间的机械加压送风量：

$$L_j = L_1 + L_2 = 9.6 + 1.32 = 10.92 \text{（}m^3/s\text{）} = 39312 \text{（}m^3/h\text{）}$$

设计风量不应小于计算风量的 1.2 倍，因此设计风量不应小于：

$$39312 \times 1.2 = 47174.4 \text{（}m^3/h\text{）}$$

【例2】某商务大厦办公防烟楼梯间16层、高48m，每层楼梯间至合用前室的门为双扇 $1.6m \times 2m$，楼梯间的送风口均为常开风口；合用前室至走道的门为双扇 $1.6m \times 2m$，合用前室的送风口为常闭风口，火灾时开启着火层合用前室的送风口。火灾时楼梯间压力为50Pa，合用前室为25Pa。试计算楼梯间和合用前室的机械加压送风量。

计算：

（1）楼梯间的机械加压送风量：

$$L_j = L_1 + L_2$$

①对于楼梯间，开启着火层疏散门时为保持门洞处风速所需的送风量 L_1 确定：

$$L_1 = A_k v N_1$$

其中，开启门的截面面积 $A_k = 1.6 \times 2 = 3.2$（m^2）；

门洞断面风速取 $v = 0.7$（m/s）；

常开风口，开启门的数量 $N_1 = 3$；

所以，$L_1 = A_k v N_1 = 3.2 \times 0.7 \times 3 = 6.72$（$m^3/s$）。

②对于楼梯间，保持加压部位一定的正压值所需的送风量 L_2 确定：

$$L_2 = 0.827 \times A \times \Delta P^{1/n} \times 1.25 \times N_2$$

其中，取门缝宽度为 0.004m，每层疏散门的有效漏风面积 $A = (1.6 + 2) \times 2 \times 0.04 + 0.004 \times 2 = 0.0368$（$m^2$）；

门开启时的压力差取 $\Delta P = 6$（Pa）；

漏风门的数量 $N_2 = 16 - 3 = 13$；

所以，$L_2 = 0.827 \times 0.0368 \times 6^{1/2} \times 1.25 \times 13 = 1.21$（$m^3/s$）。

③楼梯间的机械加压送风量：
$$L_j = L_1 + L_2 = 6.72 + 1.21 = 7.93 \ （m^3/s） \ = 28548 \ （m^3/h）$$
设计风量不应小于计算风量的 1.2 倍，因此设计风量不应小于：
$$28548 \times 1.2 = 34257.6 \ （m^3/h）$$

（2）合用前室机械加压送风量计算：
$$L_s = L_1 + L_2$$
①对于楼梯间，开启着火层楼梯间疏散门时为保持门洞处风速所需的送风量 L_1：
$$L_1 = A_k v N_1 = 3.2 \times 0.7 \times 3 = 6.72 \ （m^3/s）$$
②未开启的常闭送风阀的漏风总量 L_3：
$$L_3 = 0.083 \times A_f N_3$$
其中，常闭风口的漏风阀门的数量 $N_3 = 13$；

每层送风阀门的面积为 $A_f = 0.9 \ （m^2）$；

所以，$L_3 = 0.083 \times A_f N_3 = 0.083 \times 13 \times 0.9 = 0.97 \ （m^3/s）$。

③合用前室的机械加压送风量：
$$L_s = L_1 + L_3 = 6.72 + 0.97 = 7.69 \ （m^3/s） \ = 27684 \ （m^3/h）$$
设计风量不应小于计算风量的 1.2 倍，因此设计风量不应小于：
$$27684 \times 1.2 = 33220.8 \ （m^3/h）$$

【例3】某超高层的避难层的净面积为 $1200m^2$。试计算该避难层的机械加压送风量。

计算：
$$L = 1200 \times 30 = 36000 \ （m^3/h）$$
设计风量不应小于计算风量的 1.2 倍，因此设计风量不应小于：
$$36000 \times 1.2 = 43200 \ （m^3/h）$$

三、风压的有关规定及计算方法

机械加压送风机的全压，除计算最不利管道压头损失外，尚应有余压。机械加压送风量应满足走廊至前室至楼梯间的压力呈递增分布，余压值应符合下列要求：

1. 前室、合用前室、消防电梯前室、封闭避难层（间）与走道之间的压差应为 25Pa～30Pa。

2. 防烟楼梯间、封闭楼梯间与走道之间的压差应为 40Pa～50Pa。

3. 当系统余压值超过最大允许压力差时应采取泄压措施。疏散门的最大允许压力差应按以下公式计算：
$$P = 2(F' - F_{dc})(W_m - d_m)/(W_m \times A_m) \qquad (4-9)$$
$$F_{dc} = M/(W_m - d_m) \qquad (4-10)$$
式中：P——疏散门的最大允许压力差（Pa）；

　　　A_m——门的面积（m^2）；

　　　d_m——门的把手到门闩的距离（m）；

　　　M——闭门器的开启力矩（N·m）；

F'——门的总推力（N），一般取110N；

F_{dc}——门把手处克服闭门器所需的力（N）；

W_m——单扇门的宽度（m）。

为了促使防烟楼梯间内的加压空气向走道流动，发挥对着火层烟气的阻挡作用，因此要求在加压送风时，防烟楼梯间的空气压力大于前室的空气压力，而前室的空气压力大于走道的空气压力。根据相关研究成果，规定了防烟楼梯间和前室、合用前室、消防电梯前室、避难层的正压值。给正压值规定一个范围，是为了符合工程设计的实际情况，更易于掌握与检测。对于楼梯间及前室等空间，由于加压送风作用力的方向与疏散门开启方向相反，如果压力过高，会造成疏散门开启困难，影响人员安全疏散；另外，疏散门开启所克服的最大压力差应大于前室或楼梯间的设计压力值，否则不能满足防烟的需要。

四、送风风速

当采用金属管道时，管道风速不应大于20m/s；当采用非金属材料管道时，不应大于15m/s；当采用土建井道时，不应大于10m/s。加压送风口的风速不宜大于7m/s。

第三节　机械加压送风系统的组件与设置要求

机械加压送风系统主要是由送风机、送风管道、送风口和余压调节装置组成。

一、机械加压送风机

由于机械加压送风系统的风压通常在中、低压范围，所以机械加压送风风机宜采用轴流风机或中、低压离心风机，其设置应符合下列要求：

1. 送风机的进风口宜直通室外。

2. 送风机的进风口宜设在机械加压送风系统的下部，且应采取防止烟气侵袭的措施。

3. 送风机的进风口不应与排烟风机的出风口设在同一层面。当必须设在同一层面时，送风机的进风口与排烟风机的出风口应分开布置。竖向布置时，送风机的进风口应设置在排烟机出风口的下方，其两者边缘最小垂直距离不应小于6m；水平布置时，两者边缘最小水平距离不应小于20m。

4. 送风机宜设置在系统的下部，且应采取保证各层送风量均匀性的措施。

5. 送风机应设置在专用机房内。该房间应采用耐火极限不低于2h的隔墙和1.5h的楼板及甲级防火门与其他部位隔开。

6. 当送风机出风管或进风管上安装单向风阀或电动风阀时，应采取火灾时阀门自动开启的措施。

二、加压送风口

加压送风口用作机械加压送风系统的出口，具有赶烟和防烟的作用。加压送风口分常开和常闭两种形式。

在一些工程的检测中发现，由于加压送风口位置设置不当，不但会削弱加压送风系统的防烟作用，有时甚至会导致烟气的逆向流动，阻碍了人员的疏散活动。所以加压送风口的设置应符合下列规定：

1. 除直灌式送风方式外，楼梯间宜每隔 2～3 层设一个常开式百叶送风口。

2. 前室应每层设一个常闭式加压送风口，并应设手动开启装置。

3. 送风口的风速不宜大于 7m/s。

4. 送风口不宜设置在被门挡住的部位。

三、送风管道

机械加压送风系统应采用管道送风，但根据工程经验，由于混凝土制作的风道，风量延程损耗较大易导致机械防烟系统失效，因此不应采用土建风道。送风管道应采用不燃烧材料制作且内壁应光滑。当采用金属材料管道时，管道设计风速不应大于 20m/s；当采用非金属材料管道时，管道设计风速不应大于 15m/s。送风管道的厚度应符合现行国家标准《通风与空调工程施工质量验收规范》（GB 50243—2016）的规定。

机械加压送风管道的设置和耐火极限应符合下列规定：

1. 竖向设置的送风管道应独立设置在管道井内，当确有困难时，未设置在管道井内或与其他管道合用管道井的送风管道，其耐火极限不应低于 1h。

2. 水平设置的送风管道，当设置在吊顶内时，其耐火极限不应低于 0.5h；当未设置在吊顶内时，其耐火极限不应低于 1h。

机械加压送风系统的管道井应采用耐火极限不低于 1h 的隔墙与相邻部位分隔，当墙上必须设置检修门时应采用乙级防火门。

四、余压阀

余压阀是控制压力差的阀门。为了保证防烟楼梯间及其前室、消防电梯间前室和合用前室的正压值，防止正压值过大而导致疏散门难以推开，应在防烟楼梯间与前室、前室与走道之间设置余压阀，控制余压阀两侧正压间的压力差不超过 50Pa。

复习思考题

一、单项选择题

1. 下列建筑中，当其楼梯间的前室或合用前室采用敞开阳台时，楼梯间可不设置防烟系统的是（　　）。

A. 建筑高度为 68m 的旅馆建筑　　　B. 建筑高度为 52m 的生产建筑

C. 建筑高度为 81m 的住宅建筑　　　D. 建筑高度为 52m 的办公建筑

2. 机械加压送风系统启动后，按照余压值从大到小排列，排序正确的是（　　）。

A. 走道、前室、防烟楼梯间　　　　B. 前室、防烟楼梯间、走道

C. 防烟楼梯间、前室、走道　　　　D. 防烟楼梯间、走道、前室

3. 某高度为 156m 的公共建筑设有机械加压送风系统。根据现行国家标准《建筑防烟排烟系统技术标准》，该机械加压送风系统的下列设计方案中，错误的是（　　　）。

A. 封闭避难层的送风量按避难层净面积每平方米不小于 $25m^3/h$ 确定

B. 楼梯间与走道之间的压力差为 40Pa

C. 前室与走道之间的压力差为 25Pa

D. 机械加压送风系统按服务区段高度分段独立设置

二、简答题

1. 试述机械加压送风系统的工作原理。

2. 建筑物哪些部位需要设置机械加压送风系统？

3. 机械加压送风系统对余压有什么要求？

4. 试述机械加压送风机的设置要求。

三、计算题

某超高层的避难层的净面积为 $1500m^2$。试计算该避难层的机械加压送风量。

实训一　机械加压送风系统设备初识

一、实训目的

通过实训，认识常见的机械加压送风系统设备，并且掌握重要设备的设置要求。

二、实训内容

1. 机械加压送风系统的组成——通过实物逐一介绍。机械加压送风系统主要是由送风机、送风管道、送风口和余压调节装置组成。

（1）送风机。由于机械加压送风系统的风压通常在中、低压范围，所以机械加压送风风机宜采用轴流风机或中、低压离心风机。

（2）送风管道。机械加压送风系统应采用管道送风，但根据工程经验，由于混凝土制作的风道，风量延程损耗较大易导致机械防烟系统失效，因此不应采用土建风道。送风管道应采用不燃烧材料制作且内壁应光滑。

（3）加压送风口。加压送风口用作机械加压送风系统的出口，具有赶烟和防烟的作用。加压送风口分常开和常闭两种形式。

（4）余压阀。余压阀是控制压力差的阀门。为了保证防烟楼梯间及其前室、消防电梯间前室和合用前室的正压值，防止正压值过大而导致疏散门难以推开，应在防烟楼梯间与前室、前室与走道之间设置余压阀，控制余压阀两侧正压间的压力差不超过 50Pa。

2. 机械加压送风系统设备的设置要求——结合现场设备逐一介绍。

（1）送风机的设置要求。

①送风机的进风口宜直通室外。

②送风机的进风口宜设在机械加压送风系统的下部，且应采取防止烟气侵袭的措施。

③送风机的进风口不应与排烟风机的出风口设在同一层面。当必须设在同一层面时，送风机的进风口与排烟风机的出风口应分开布置。竖向布置时，送风机的进风口应设置在排烟机出风口的下方，其两者边缘最小垂直距离不应小于6m；水平布置时，两者边缘最小水平距离不应小于20m。

④送风机宜设置在系统的下部，且应采取保证各层送风量均匀性的措施。

⑤送风机应设置在专用机房内。该房间应采用耐火极限不低于2h的隔墙和1.5h的楼板及甲级防火门与其他部位隔开。

⑥当送风机出风管或进风管上安装单向风阀或电动风阀时，应采取火灾时阀门自动开启的措施。

（2）送风管道的设置要求。

①竖向设置的送风管道应独立设置在管道井内，当确有困难时，未设置在管道井内或与其他管道合用管道井的送风管道，其耐火极限不应小于1h。

②水平设置的送风管道，当设置在吊顶内时，其耐火极限不应低于0.5h；当未设置在吊顶内时，其耐火极限不应低于1h。

（3）送风口的设置要求。

①除直灌式送风方式外，楼梯间宜每隔2~3层设一个常开式百叶送风口。

②前室应每层设一个常闭式加压送风口，并应设手动开启装置。

③送风口的风速不宜大于7m/s。

④送风口不宜设置在被门挡住的部位。

三、实训条件

设有机械加压送风系统的建筑物或场所进行机械防烟设备的初识。

四、方法与步骤

1. 学生分组，建议分成3个小组，要求分工明确，选1名组长，负责协调、组织工作。

2. 布置任务，每个小组负责查找一种机械防排烟设备的设置要求，并在实训时带领大家学习，要求学生清楚了解实践教学中所需达到的学习效果，明确实训目的、实训方法和步骤。

3. 以组为单位，学生查阅相关资料，做好准备工作。

4. 老师在实训室带领大家认识防排烟设备的组成。

5. 学生分组讲解，教师在讲解过程中进行补充、总结。

6. 布置作业：让学生在教学楼、图书馆等场所找到相应的机械防烟设备，并拍照上传。

五、实训要求

1. 实训前，指导教师根据学生实际情况，认真备课，制作完善、周密的实训方案。

2. 要求全体学生参加实训活动，在实训过程中做好记录，实训结束后进行个人评价，并完成实训报告。

3. 指导教师要对实训过程中表现好的方面给予肯定，对存在的不足，应给出相应的解决方法，并对每个学生的实训过程进行评价。

六、注意事项

1. 学生在教师讲解和学生讲解过程中注意纪律，并爱护实训室的设备。

2. 在教学楼、图书馆等场所观察机械防烟设备的时候，不能动手操作，以防误操作，联动其他消防设备。

第五章 机械排烟系统

在不具备自然排烟条件时，机械排烟系统能将火灾中建筑物房间、走道内的烟气和热量排出，为人员安全疏散和开展灭火救援行动创造有利条件。

本章学习目标

1. 熟悉机械排烟系统的组成。
2. 了解机械排烟的原理。
3. 熟悉机械排烟系统的选择。
4. 了解机械排烟系统主要设计参数。

第一节 机械排烟系统概述

一、机械排烟系统的组成

机械排烟系统是由挡烟垂壁（活动式或固定式挡烟垂壁，或挡烟隔墙、挡烟梁）、排烟口（或带有排烟阀的排烟口）、排烟防火阀、排烟管道、排烟风机和排烟出口组成的。

二、机械排烟系统的工作原理

当建筑物内发生火灾时，应采用机械排烟系统将房间、走道等空间的烟气排至建筑物外。当采用机械排烟系统时，通常由火场人员手动控制或由感烟探测器将火灾信号传递给火灾报警控制器，并由消防联动控制器开启活动的挡烟垂壁将烟气控制在发生火灾的防烟分区内，并打开排烟口以及和排烟口联动的排烟防火阀，同时关闭空调系统和送风管道内的防火调节阀，防止烟气从空调和通风系统蔓延到其他非着火房间，最后由设置在屋顶的排烟机将烟气通过排烟管道排至室外，如图 5 - 1 所示。

目前常见的有机械排烟与自然补风组合、机械排烟与机械补风组合、机械排烟与排风合用、机械排烟与通风空调系统合用等形式，如图 5 - 2 和图 5 - 3 所示。一般要求如下：

1. 排烟系统与通风、空气调节系统宜分开设置。当合用时，应符合下列条件：①系统的风口、风道、风机等应满足排烟系统的要求；②当火灾被确认后，应能开启排烟区域的排烟口和排烟风机，并在 15 s 内自动关闭与排烟无关的通风、空调系统；③需联动关闭的通风和空气调节系统的控制阀门不应超过 10 个。

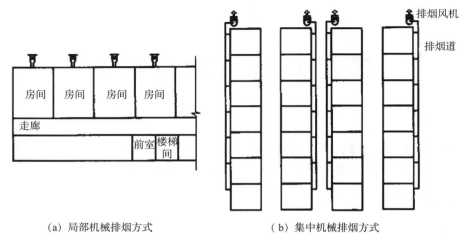

（a）局部机械排烟方式　　　　（b）集中机械排烟方式

图 5-1　机械排烟方式

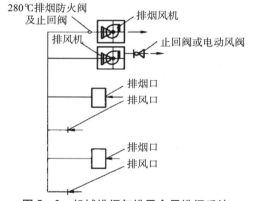

图 5-2　机械排烟与排风合用排烟系统

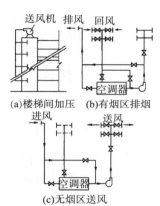

图 5-3　利用通风空调系统的机械送风与机械排烟组合式排烟系统

2. 排烟风机应满足 280℃时连续工作 30min 的要求，排烟风机应与风机入口处的排烟防火阀连锁，当该阀关闭时，排烟风机应能停止运转。作为排烟风机应有一定的耐温要求，国内生产的普通中、低压离心风机或排烟专用轴流风机都能满足本条要求。当排烟风道内烟气温度达到 280℃时，烟气中已带火，此时应停止排烟，否则烟火扩散到其他部位会造成新的危害。而仅关闭排烟风机，不能阻止烟火通过管道的蔓延，因此规定了排烟风机入口处应设置能自动关闭的排烟防火阀并连锁关闭排烟风机。

3. 人防工程机械排烟系统宜单独设置或与工程排风系统合并设置。当合并设置时，必须采取在火灾发生时能将排风系统自动转换为排烟系统的措施。

4. 车库机械排烟系统可与人防、卫生等排气、通风系统合用。

5. 当建筑的机械排烟系统沿水平方向布置时（如图 5-4 所示），每个防火分区的机械排烟系统应独立设置。

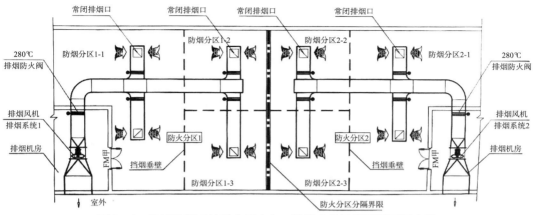

图 5 - 4　机械排烟系统沿水平方向、按防火分区设置平面示意图

三、机械排烟系统的选择

1. 建筑内应设排烟设施，但不具备自然排烟条件的房间、走道及中庭等，均应采用机械排烟方式。高层建筑主要受自然条件（如室外风速、风压、风向等）的影响较大，一般多采用机械排烟方式。

2. 人防工程以下位置应设置机械排烟设施：

（1）建筑面积大于 $50m^2$，且经常有人停留或可燃物较多的房间和大厅。

（2）丙、丁类生产车间。

（3）总长度大于 20m 的疏散走道。

（4）电影放映间和舞台等。

3. 除敞开式汽车库、建筑面积小于 $1000m^2$ 的地下一层汽车库和修车库外，汽车库和修车库应设置排烟系统（可选机械排烟系统）。

4. 机械排烟系统横向应按每个防火分区独立设置。

5. 建筑高度超过 50m 的公共建筑和建筑高度超过 100m 的住宅排烟系统应竖向分段独立设置，且每段高度公共建筑不宜超过 50m，住宅不宜超过 100m。

需要注意的是，在同一个防烟分区内不应同时采用自然排烟方式和机械排烟方式，因为这两种方式相互之间对气流会造成干扰，影响排烟效果。尤其是在排烟时，自然排烟口还可能在机械排烟系统启动后变成进风口，使其失去排烟作用。

四、机械排烟系统的优缺点

1. 机械排烟系统的优点。机械排烟系统能克服自然排烟受外界气象条件以及高层建筑热压作用的影响，排烟效果比较稳定。特别是火灾初期，这种排烟方式能及时而有效地排出着火层或着火区域的烟气，使着火区域压力下降，形成负压，结合空气自然对流补风或者机械送风控制建筑内冷空气和热烟气的流动路线，控制烟气向其他区域的扩散，能为非着火层或区域的人员疏散、消防队员灭火救援的开展以及物资的安全转移在时间和空间上创造条件。

2. 机械排烟系统的缺点。

（1）在火灾猛烈阶段排烟效果可能大大降低。尽管在确定排烟机的容量时总是留有余量，但在火灾进入猛烈发展阶段，烟气大量产生，可能出现烟气的生成量短时内超过排烟机排烟量的情况，使着火区域内形成正压，从而使烟气扩散到非着火区域中去，这时排烟效果可能大大降低。

（2）排烟设备需耐高温。火灾初期，烟气温度较低。随着火灾的发展，烟气温度逐渐升高，火灾猛烈发展阶段，着火房间内的烟气温度可能高达600℃～1000℃，要求排烟机和排烟管道承受如此高的温度是不可能的。通常对排烟机来说，规定在280℃时能连续运行30min。为保证排烟设备的安全可靠，可以对排烟设备采取相应的技术措施：第一，可在排烟机入口处设置排烟防火阀，当烟气温度超过280℃时能自动关闭，并且能切断系统，停止排烟；第二，排烟管道在敷设上应考虑绝热防火结构等。

（3）初投资和维修费用高。为了使建筑物的任何一个房间或部位发生火灾时都能有效地进行排烟，必须合理地布置排烟口、排烟管道，选择风量适合、满足耐高温性能要求的风机，配备安全、可靠的控制系统，因此机械排烟系统不但初投资高，而且维护管理费用也高。

第二节　机械排烟系统的组件与设置要求

机械排烟系统是由排烟风机、排烟防火阀、排烟阀（口）、排烟管道、挡烟垂壁组成的。

一、排烟风机

1. 排烟风机可采用离心式或轴流排烟风机（满足280℃时连续工作30min的要求），排烟风机入口处应设置280℃能自动关闭的排烟防火阀，该阀应与排烟风机连锁，当该阀关闭时，排烟风机应能停止运转。

2. 排烟风机宜设置在排烟系统的顶部，烟气出口宜朝上，并应高于加压送风机和补风机的进风口，两者垂直距离或水平距离应符合：竖向布置时，送风机的进风口应设置在排烟机出风口的下方，其两者边缘最小垂直距离不应小于6m；水平布置时，两者边缘最小水平距离不应小于20m。

3. 排烟风机应设置在专用机房内（如图5-5所示），该房间应采用耐火极限不低于2h的隔墙和耐火极限不低于1.5h的楼板及甲级防火门与其他部位隔开。风机两侧应有600mm以上的空间。当必须与其他风机合用机房时，应符合下列条件：

（1）机房内应设有自动喷水灭火系统（如图5-6所示）；

（2）机房内不得设有用于机械加压送风的风机与管道（如图5-7所示）；

（3）排烟风机与排烟管道的连接部件，应能在280℃时连续工作不少于30min，保证其结构完整性（如图5-8所示）。

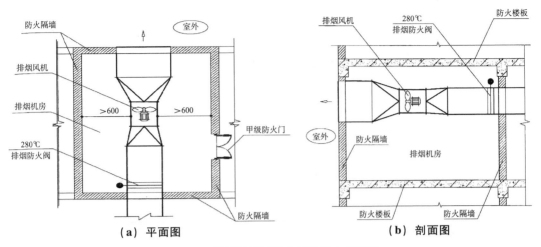

（a）平面图　　　　　　　　　（b）剖面图

图 5 – 5　排烟风机置于专用机房内示意图

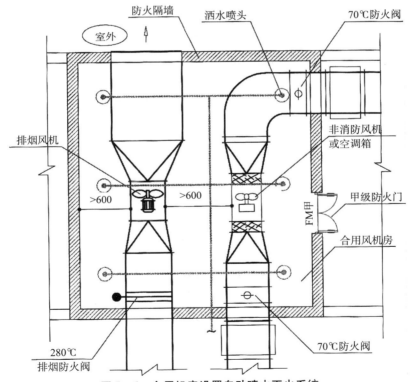

图 5 – 6　合用机房设置自动喷水灭火系统

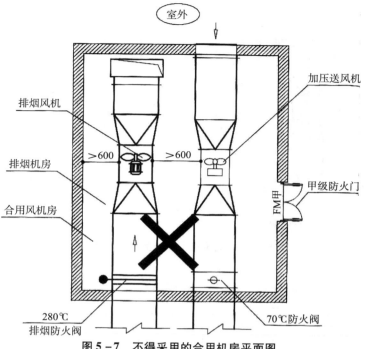

图 5 – 7　不得采用的合用机房平面图

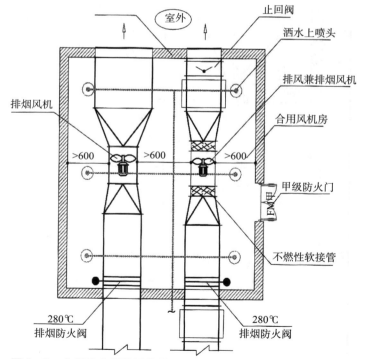

图 5 – 8　合用机房设排风兼排烟管道上设置软接管的平面示意图

　　排烟管道作为排烟系统的组成部分，与排烟风机一样，应有一定的耐火要求。通常在排烟管道上部设置软接管，但对于排风兼排烟的系统而言，由于要兼顾平时排风对周边环境的减振降噪要求，排烟风机与管道间需设置软接管。为了提高系统运行的安全性、可靠性，规定软接管应能在280℃的环境条件下连续工作不少于30min。

二、排烟防火阀

　　1. 概念。排烟防火阀是安装在机械排烟系统的管道上，平时呈开启状态，火灾时当排烟管道内烟气温度达到280℃时关闭，并在一定时间内能满足漏烟量和耐火完整性要求，起隔烟阻火作用的阀门。一般由阀体、叶片、执行机构和温感器等部件组成。

　　2. 设置位置。排烟管道下列部位应设置排烟防火阀（如图5-9、图5-10所示）：

　　（1）垂直风管与每层水平风管交接处的水平管段上；

　　（2）一个排烟系统负担多个防烟分区的排烟支管上；

　　（3）排烟风机入口处；

　　（4）穿越防火分区处。

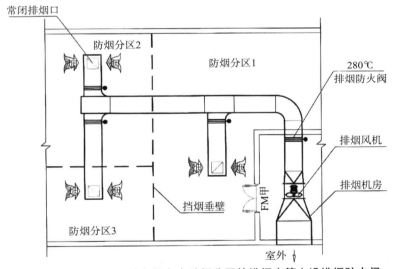

图5-9　一个排烟系统负担多个防烟分区的排烟支管上设排烟防火阀

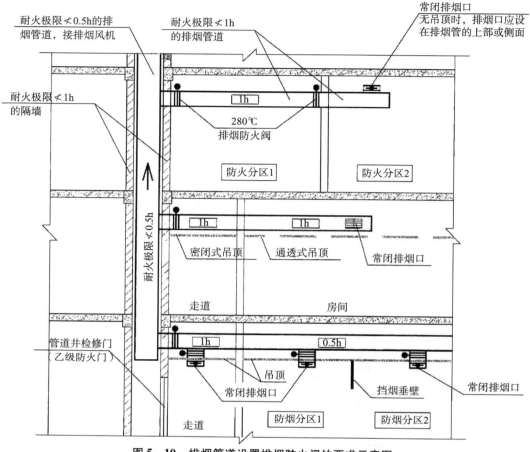

图 5 - 10　排烟管道设置排烟防火阀的要求示意图

三、排烟阀（口）

排烟阀是安装在机械排烟系统各支管端部（烟气吸入口）处，平时呈关闭状态并满足漏风量要求，火灾时可手动和电动启闭，起排烟作用的阀门。一般由阀体、叶片、执行机构等部件组成。

1. 排烟阀（口）的设置应符合下列要：

（1）排烟口应设在防烟分区所形成的储烟仓内，当用隔墙或挡烟垂壁划分防烟分区时，每个防烟分区应分别设置排烟口，排烟口的设置应经计算确定，且防烟分区内任一点与最近的排烟口的水平距离不应大于 30m（如图 5 - 11 所示）。

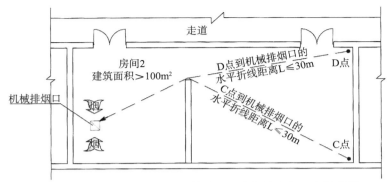

图 5 – 11　室内任一点与最近的排烟口之间的水平距离示意图

（2）走道、室内空间净高不大于 3m 的场所内排烟口应设置在其净空高度的 1/2 以上，当设置在侧墙时，其最近的边缘与吊顶的距离不应大于 0.5m（如图 5 – 12 所示）。

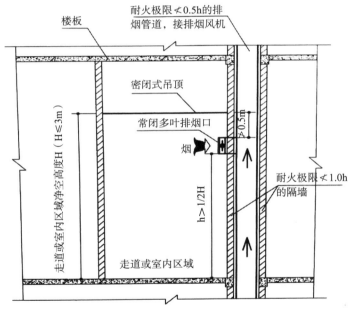

图 5 – 12　走道或室内净高不大于 3m 的区域排烟口设置的示意图

2. 发生火灾时，由火灾自动报警系统联动开启排烟区域的排烟阀（口），应在现场设置手动开启装置。

3. 排烟口的设置宜使烟流方向与人员疏散方向相反，排烟口与附近安全出口相邻边缘之间的水平距离不应小于 1.5m（如图 5 – 13 和图 5 – 14 所示）。

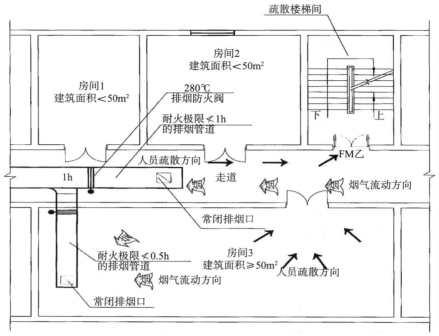

图 5 - 13 烟流方向与人流疏散方向示意图

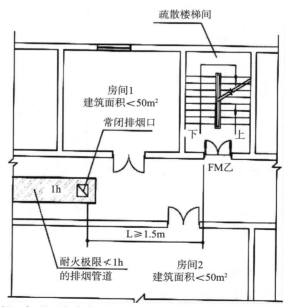

图 5 - 14 排烟口与附近安全出口相邻边缘之间的水平距离不应小于 1.5m 示意图

4. 每个排烟口的排烟量不应大于最大允许排烟量。最大允许排烟量是指每个排烟口允许排出的最大排烟量。如果排烟口的排烟量过大，排烟口下的烟气层会被破坏，室内无烟空气会被卷吸与烟气一同排出，导致有效排烟量减少，同时也不利于排烟口的均匀设置（如图 5 - 15、图 5 - 16 所示）。

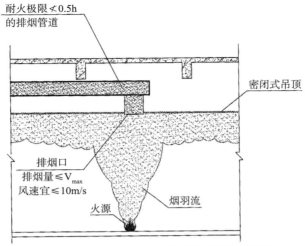

图 5 - 15　排烟口的排烟量和风速要求示意图

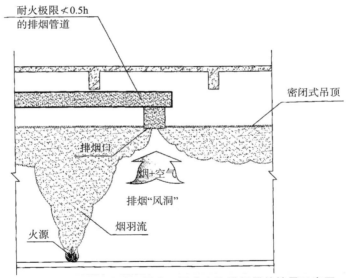

图 5 - 16　排烟口的排烟量大于最大允许排烟量的情景示意图

5. 当排烟口设在吊顶内且通过吊顶上部空间进行排烟时，应符合下列规定：

（1）吊顶应采用不燃材料，且吊顶内不应有可燃物；

（2）封闭式吊顶上设置的烟气流入口的颈部烟气速度不宜大于 1.5m/s（如图 5 - 17 所示）；

（3）非封闭式吊顶的开孔率不应小于吊顶净面积的 25%，且孔洞应均匀布置（如图 5 - 18 所示）。

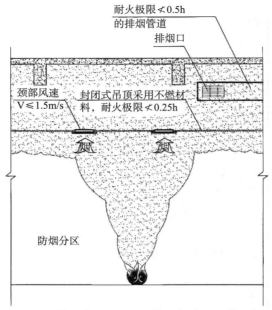

图 5-17　封闭式吊顶上设置的烟气流入口的示意图

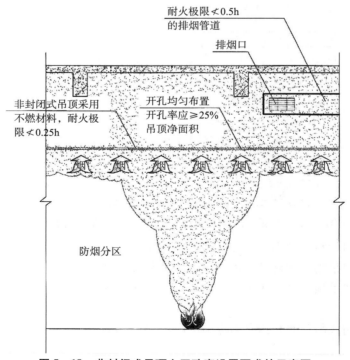

图 5-18　非封闭式吊顶上开孔率设置要求的示意图

6. 单独设置的排烟口，平时应处于关闭状态，其控制方式可采用自动或手动开启方式，手动开启装置的位置应便于操作；当排风口和排烟口合并设置时，应在排风口或排风口所在支管处设置自动阀门，该阀门必须具有防火功能，且应与火灾自动报警系统联动；发生火灾时，着火防烟分区内的阀门应处于开启状态，其他防烟分区内的阀门应全部关闭。

7. 排烟口的风速不宜大于 10m/s。

8. 当同一分区内设置数个排烟口时，要求做到所有排烟口能同时开启，排烟量应等于各排烟口排烟量的总和。

四、排烟管道

1. 机械排烟系统应采用管道排烟，且不应采用土建风道。排烟管道应采用不燃材料制作且内壁光滑。当排烟管道内壁为金属时，管道设计风速不应大于 20m/s；当排烟管道内壁为非金属时，管道设计风速不应大于 15m/s；排烟管道的厚度应按现行国家标准《通风与空调工程施工质量验收规范》的有关规定执行。排烟管道是高温气流通过的管道，为了防止引发管道的燃烧，必须使用不燃管材。在工程实践中，风道的光滑度对系统的有效性起到了关键作用。因此在设计时，不同材质的管道在不同风速下的风压等损失不同，为了更优化设计系统，选择合适的风机，所以对不同材质管道的风速作出相应规定。

2. 当吊顶内有可燃物时，吊顶内的排烟管道应采用不燃材料进行隔热，并应与可燃物保持不小于 150mm 的距离（如图 5 – 19 所示）。

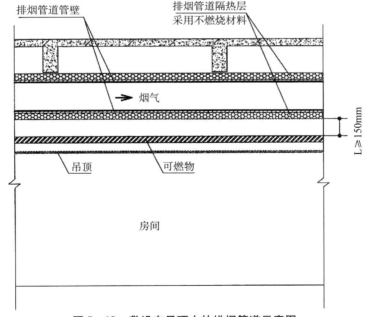

图 5 – 19　敷设在吊顶中的排烟管道示意图

3. 设置排烟管道的管道井应采用耐火极限不低于 1h 的隔墙与相邻区域分隔；当墙上必须设置检修门时，应采用乙级防火门。

4. 排烟管道的设置和耐火极限应符合下列规定：

（1）排烟管道及其连接部件应能在 280℃ 时连续 30min 保证其结构完整性。

（2）竖向设置的排烟管道应设置在独立的管道井内，排烟管道的耐火极限不应低于 0.5h（如图 5 - 20 所示）。

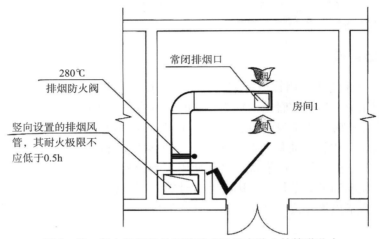

常闭排烟口

280℃
排烟防火阀

竖向设置的排烟风管，其耐火极限不应低于0.5h

房间1

图 5 - 20 竖向设置的排烟管道应设置在独立的管道井内

（3）水平设置的排烟管道应设置在吊顶内，其耐火极限不应低于 0.5h；当确有困难时，可直接设置在室内，但管道的耐火极限不应低于 1h。

（4）设置在走道部位吊顶内的排烟管道，以及穿越防火分区的排烟管道，其管道的耐火极限不应低于 1h，但设备用房和汽车库的排烟管道耐火极限可不低于 0.5h（如图 5 - 21 所示）。

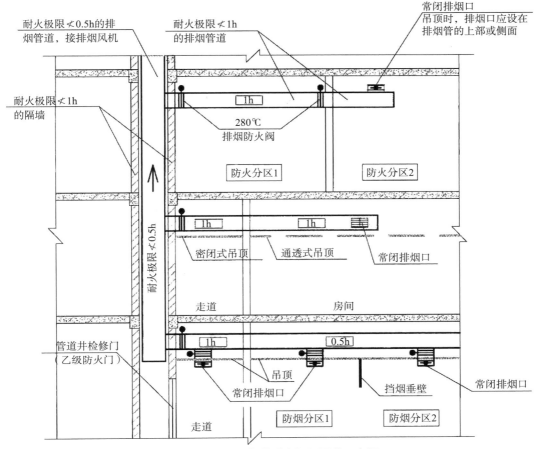

图 5-21　排烟管道耐火极限要求示意图

五、挡烟垂壁

设置挡烟垂壁是划分防烟分区的主要措施。挡烟垂壁所需高度应根据建筑所需的清晰高度以及设置排烟的可开启外窗或排烟风机的量，针对区域内是否有吊顶以及吊顶方式分别进行确定。活动挡烟垂壁的性能还应符合现行行业标准《挡烟垂壁》（GA 533—2012）的技术要求。采用隔墙等形成了独立的分隔空间，实际就是一个防烟分区和储烟仓，该空间应作为一个防烟分区设置排烟口，不能与其他相邻区域或房间叠加面积作为防烟分区的设计值。

挡烟垂壁是为了阻止烟气沿水平方向流动而垂直向下吊装在顶棚上的挡烟构件，其有效高度不小于500mm。挡烟垂壁可采用固定式或活动式，当建筑物净空较高时可采用固定式，将挡烟垂壁长期固定在顶棚上；当建筑物净空较低时，宜采用活动式。挡烟垂壁应使用不燃烧材料制作，如钢板、防火玻璃、无机纤维织物、不燃无机复合板等。活动式的挡烟垂壁应由感烟探测器控制，或与排烟口联动，或受消防控制中心控制，但同时应能就地手动控制。

第三节　机械排烟系统的主要设计参数

一、排烟量计算的一般原则

排烟系统的设计风量不应小于该系统计算风量的 1.2 倍。当采用自然排烟方式时，储烟仓的厚度不应小于空间净高的 20%，且不应小于 500mm；当采用机械排烟方式时，不应小于空间净高的 10%，且不应小于 500mm（如图 5 – 22 和图 5 – 23 所示）。同时，储烟仓底部距地面的高度应大于安全疏散所需的最小清晰高度。

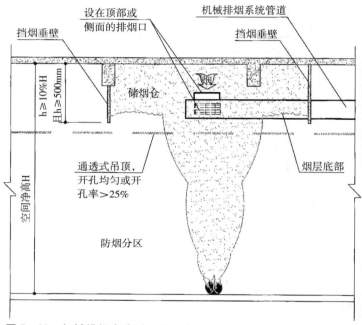

图 5 – 22　机械排烟方式时，储烟仓厚度要求示意图（通透式吊顶）

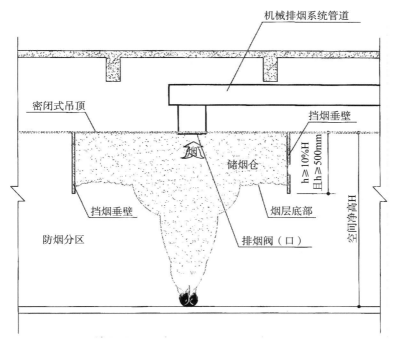

图 5 – 23　机械排烟方式时，储烟仓厚度要求示意图（密闭式吊顶）

二、一个防烟分区的排烟量计算

1. 建筑空间净高小于或等于 6m 的场所，其排烟量应按不小于 $60m^3/$（$h \cdot m^2$）计算，且取值不小于 $15000m^3/h$，或设置有效面积不小于该房间建筑面积 2% 的自然排烟窗（口）。

2. 公共建筑、工业建筑中空间净高大于 6m 的场所，其每个防烟分区排烟量应根据场所内的热释放速率以及《建筑防烟排烟系统技术标准》第 4.6.6 条～第 4.6.13 条的规定计算确定，且不应小于表 5 – 1 中的数值，或设置自然排烟窗（口），其所需有效排烟面积应根据表 5 – 1 及自然排烟窗（口）处风速计算。

3. 当公共建筑仅需在走道或回廊设置排烟时，其机械排烟量不应小于 $13000m^3/h$，或在走道两端（侧）均设置面积不小于 $2m^2$ 的自然排烟窗（口）且两侧自然排烟窗（口）的距离不应小于走道长度的 2/3。

4. 当公共建筑房间内与走道或回廊均需设置排烟时，其走道或回廊的机械排烟量可按 $60m^3/$（$h \cdot m^2$）计算且不小于 $13000m^3/h$，或设置有效面积不小于走道、回廊建筑面积 2% 的自然排烟窗（口）。

为便于工程应用，根据计算结果及工程实际，给出了常见场所的排烟量数值。表 5 – 1 中给出的是计算值，设计值还应乘以系数 1.2。防烟分区面积不宜划分过小，否则会影响排烟效果。对于建筑空间净高小于或等于 6m 的场所，如果单个防烟分区排烟量计算值小于 $15000m^3/h$，则按 $15000m^3/h$ 取值为宜，以此保证排烟效果。表 5 – 1 中空间净高大于 8m 的场所，当采用普通湿式灭火（喷淋）系统时，喷淋灭火作用已不大，应按无喷淋考虑；当采用符合现行国家标准《自动喷水灭火系统设计规范》（GB 50084—2017）的高大空间场所的湿式灭火系统时，该火灾热释放速率也可以按有喷淋取值。

表 5-1　公共建筑、工业建筑中空间净高大于 6m 场所的计算排烟量及自然排烟侧窗（口）部风速

空间净高（m）	办公室、学校（×10⁴m³/h）		商店、展览厅（×10⁴m³/h）		厂房、其他公共建筑（×10⁴m³/h）		仓库（×10⁴m³/h）	
	无喷淋	有喷淋	无喷淋	有喷淋	无喷淋	有喷淋	无喷淋	有喷淋
6.0	12.2	5.2	17.6	7.8	15.0	7.0	30.1	9.3
7.0	13.9	6.3	19.6	9.1	16.8	8.2	32.8	10.8
8.0	15.8	7.4	21.8	10.6	18.9	9.6	35.4	12.4
9.0	17.8	8.7	24.2	12.2	21.1	11.1	38.5	14.2
自然排烟侧窗（口）部风速（m/s）	0.94	0.64	1.06	0.78	1.01	0.74	1.26	0.84

注：1. 建筑空间净高大于 9m 的，按 9m 取值；建筑空间净高位于表中两个高度之间的，按线性插值法取值；表中建筑空间净高为 6m 处的各排烟量值为线性插值法的计算基准值。

2. 当采用自然排烟方式时，储烟仓厚度应大于房间净高的 20%；自然排烟窗（口）面积 = 计算排烟量/自然排烟窗（口）处风速；当采用顶开窗排烟时，其自然排烟窗（口）的风速可按侧窗口部风速的 1.4 倍计。

三、多个防烟分区的排烟量计算

当一个排烟系统担负多个防烟分区排烟时，其系统排烟量的计算应符合下列规定：

1. 当系统负担具有相同净高场所时，对于建筑空间净高大于 6m 的场所，应按排烟量最大的一个防烟分区的排烟量计算；对于建筑空间净高为 6m 及以下的场所，应按同一防火分区中任意两个相邻防烟分区的排烟量之和的最大值计算。

【例1】如图 5-24 所示，确定一个排烟系统负担多个具有相同净高的防烟分区的排烟量。这台排烟风机负担 4 个具有相同净高场所的机械排烟。这 4 个场所的编号分别为 A、B、C、D，自然形成 4 个防烟分区，其建筑面积分别为 $F_b > F_a > F_d > F_c$，根据建筑的使用功能，确定的排烟量分别是 V_a、V_b、V_c、V_d，且 $V_a > V_b > V_d > V_c$。

计算：

（1）当 A、B、C、D 的建筑空间净高大于 6m 时，排烟系统的排烟量 V 取防烟分区 A、B、C、D 中排烟量最大的，即系统排烟量 $V = V_a$。则排烟风机的设计排烟量 V_s：

$$V_s = 1.2 \times V_a \ (\text{m}^3/\text{h})$$

（2）当 A、B、C、D 的建筑空间净高为 6m 及以下时，相邻的防烟分区有：$V_a + V_b$、$V_a + V_c$、$V_b + V_c$、$V_b + V_d$ 及 $V_c + V_d$。其中 $V_a + V_b$ 的排烟量最大，即系统排烟量 $V = V_a + V_b$。则排烟风机的设计排烟量 V_s：

$$V_s = 1.2 \times (V_a + V_b) \ (\text{m}^3/\text{h})$$

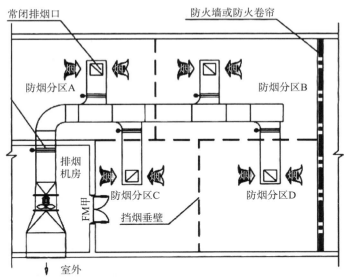

图 5 – 24　一个排烟系统担负多个具有相同净高防烟分区的排烟

2. 当系统负担具有不同净高场所时，应采用上述方法对系统中每个场所所需的排烟量进行计算，并取其中的最大值作为系统排烟量。

当一个排烟系统担负多个防烟分区排烟时，系统排烟量可参照图 5 – 25 和表 5 – 2 的计算示例进行计算，但为了确保系统可靠性，一个排烟系统担负防烟分区的个数不宜过多。

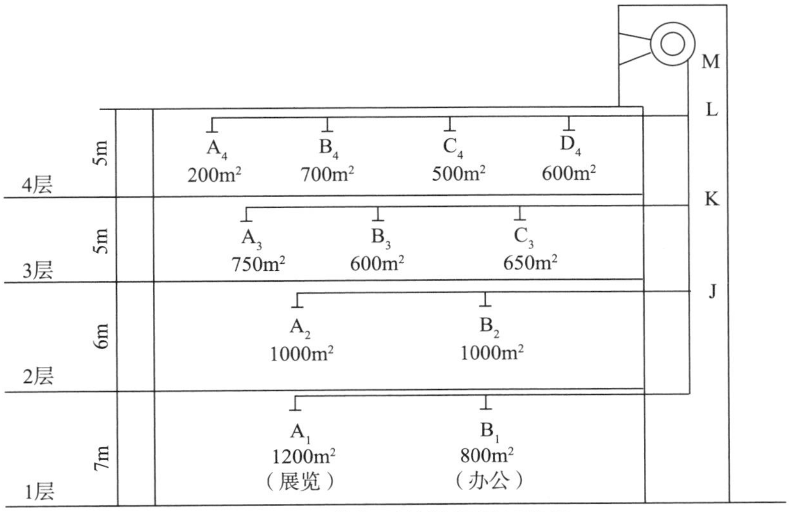

图 5 – 25　排烟系统排烟量示意图

【例 2】 如图 5 – 25 所示，确定一个排烟系统负担多个不同净高的防烟分区的排烟量。所示建筑共 4 层，每层建筑面积 2000m² ，均设有自动喷水灭火系统。1 层空间净高为 7m，包含展览和办公场所，2 层空间净高为 6m，3 层和 4 层空间净高均为 5m。假设 1 层的储烟仓厚度及燃料面距地面高度均为 1m。

计算结果如表所示：

表5-2　排烟风管风量计算举例

管段间	担负防烟分区	通过风量 V（m³/h）及防烟分区面积 S（m²）
$A_1 - B_1$	A_1	V（A_1）计算值 $= 72000 < 91000$，所以取值 91000
$B_1 - J$	A_1，B_1	V（B_1）计算值 $= 48000 < 63000 < 91000$，所以取值 91000（1 层最大）
$A_2 - B_2$	A_2	V（A_2）$= S$（A_2）$\times 60 = 60000$
$B_2 - J$	A_2，B_2	V（$A_2 + B_2$）$= S$（$A_2 + B_2$）$\times 60 = 120000$（2 层最大）
$J - K$	A_1，B_1，A_2，B_2	120000（1、2 层最大）
$A_3 - B_3$	A_3	V（A_3）$= S$（A_3）$\times 60 = 45000$
$B_3 - C_3$	A_3，B_3	V（$A_3 + B_3$）$= S$（$A_3 + B_3$）$\times 60 = 81000$
$C_3 - K$	A_3，B_3，C_3	V（$A_3 + B_3$）$> V$（$B_3 + C_3$），所以取值 81000（3 层最大）
$K - L$	A_1，B_1，A_2，B_2，A_3，B_3，C_3	120000（1~3 层最大）
$A_4 - B_4$	A_4	V（A_4）$= S$（A_4）$\times 60 = 12000 < 15000$，所以取值 15000
$B_4 - C_4$	A_4，B_4	V（$A_4 + B_4$）$= 15000 + S$（B_4）$\times 60 = 57000$
$C_4 - D_4$	A_4，B_4，C_4	V（$B_4 + C_4$）$= S$（$B_4 + C_4$）$\times 60 = 72000 > Q$（$A_4 + B_4$），所以取值 72000
$D_4 - L$	A_4，B_4，C_4，D_4	V（$B_4 + C_4$）$> Q$（$C_4 + D_4$）$> Q$（$A_4 + B_4$），所以取值 72000（4 层最大）
$L - M$	全部	120000（1~4 层最大）

四、中庭排烟量计算

中庭的烟气积聚主要来自两个方面，一是中庭周围场所产生的烟羽流向中庭蔓延，二是中庭内自身火灾形成的烟羽流上升蔓延。中庭周围场所的火灾烟羽向中庭流动时，可等效视为阳台溢出型烟羽流，根据英国规范的简便计算公式，其数值可为按轴对称烟羽流计算所得的周围场所排烟量的 2 倍。对于中庭内自身火灾形成的烟羽流，根据现行国家标准《建筑设计防火规范（2018 年版）》的相关要求，中庭应设置排烟设施且不应布置可燃物，所以中庭着火的可能性很小。但考虑到我国国情，目前在中庭内违规搭建展台、布设桌椅等现象仍普遍存在，为了确保中庭内自身发生火灾时产生的烟气仍能被及时排出，本标准保守设计中庭自身火灾在设定火灾规模为 4MW 且保证清晰高度在 6m 时，其生成的烟量为 107000m³/h，中庭的排烟量需同时满足两种起火场景的排烟需求。

1. 中庭周围场所设有排烟系统时，中庭采用机械排烟系统的，中庭排烟量应按周围场所防烟分区中最大排烟量的 2 倍数值计算，且取值不应小于 107000m³/h；中庭采用自然排烟系统时，应按上述排烟量和自然排烟窗（口）的风速不大于 0.5m/s 计算有效开窗面积。当公共建筑中庭周围场所设有机械排烟，考虑周围场所的机械排烟存在机械或电气故障等失效的可能，烟气将会大量涌入中庭，因此对此种状况的中庭规定其排烟量按周围场所中最大排烟量的 2 倍数值计算，且取值不应小于 107000m³/h（或 25m² 的有效开窗面积）。

2. 当中庭周围场所不需设置排烟系统，仅在回廊设置排烟系统时，回廊的排烟量不应小于《建筑防烟排烟系统技术规范》第 4.6.3 条第 3 款的规定，中庭的排烟量不应小于 40000m³/h；中庭采用自然排烟系统时，应按上述排烟量和自然排烟窗（口）的风速不大于 0.4m/s 计算有效开窗面积。当公共建筑中庭周围仅需在回廊设置排烟的，由于周边场所面积较小，产生的烟量也有限，因此所需的排烟量较小，一般不超过 13000m³/h；当公共建筑中庭周围场所均设置自然排烟的，可开启窗的排烟较简便，基本可以保证正常，只需考虑中庭自身火灾的烟量，因此对这两种状况的中庭规定其排烟量应根据工程条件和使用需要计算确定。

五、其他场所排烟量计算

1. 各类场所的火灾热释放速率可按《建筑防烟排烟系统技术规范》第 4.6.10 条的规定计算且不应小于表 5－3 规定的值。设置自动喷水灭火系统（简称喷淋）的场所，其室内净高大于 8m 时，应按无喷淋场所对待。

表 5－3　火灾达到稳态时的热释放速率

建筑类别	喷淋设置情况	热释放速率 Q（MW）
办公室、教室、客房、走道	无喷淋	6.0
	有喷淋	1.5
商店、展览厅	无喷淋	10.0
	有喷淋	3.0
其他公共场所	无喷淋	8.0
	有喷淋	2.5
汽车库	无喷淋	3.0
	有喷淋	1.5
厂房	无喷淋	8.0
	有喷淋	2.5
仓库	无喷淋	20.0
	有喷淋	4.0

火灾烟气的聚集主要是由火灾热释放速率、火源类型、空间大小形状、环境温度等因素决定的。当房间设有有效的自动喷水灭火系统时，火灾发生后该系统自动启动，会限制火灾的热释放速率。根据现行国家标准《自动喷水灭火系统设计规范》，一般情况

下，民用建筑和厂房采用湿式系统的净空高度是 8m，因此当室内净高大于 8m 时，应按无喷淋场所对待。如果房间按照高大空间场所设计的湿式灭火系统，加大了喷水强度，调整了喷头间距要求，其允许最大净空高度可以加大到 12～18m。因此，当室内净空高度大于 8m，且采用了符合现行国家标准《自动喷水灭火系统设计规范》的有效喷淋灭火措施时，该火灾热释放速率也可以按有喷淋取值。

2. 当储烟仓的烟层与周围空气温差小于 15℃ 时，应通过降低排烟口的位置等措施重新调整排烟设计。

当储烟仓的烟层温度与周围空气温差小于 15℃ 时，此时烟气已经基本失去浮力，会在空中滞留或沉降，无论机械排烟还是自然排烟，都难以有效地将烟气排到室外，如果设计计算结果得出上述情况之一时，则说明设计方案是失效的，应重新调整排烟措施。通常简便又有效的办法是在保证清晰高度的前提下，加大挡烟垂壁的深度，因为烟气流动的规律告诉我们，清晰高度越高，即挡烟垂壁设置的深度越浅或其下沿离着火楼层地面高度越大，烟气行程就越长，卷吸冷空气就越多，烟量也势必越大，但烟温反而越低。

3. 走道、室内空间净高不大于 3m 的区域，其最小清晰高度不宜小于其净高的 1/2，其他区域的最小清晰高度应按下式计算：

$$H_q = 1.6 + 0.1H' \qquad (5-1)$$

式中：H_q——最小清晰高度（m）。

H'——对于单层空间，取排烟空间的建筑净高度（m）；对于多层空间，取最高疏散楼层的层高（m）。

火灾时的最小清晰高度是为了保证室内人员安全疏散和方便消防人员的扑救而提出的最低要求，也是排烟系统设计时必须达到的最低要求。对于单个楼层空间的清晰高度，可以参照图 5-26（a）所示，式（5-1）也是针对这种情况提出的。对于多个楼层组成的高大空间，最小清晰高度同样也是针对某一个单层空间提出的，往往也是连通空间中同一防烟分区中最上层计算得到的最小清晰高度。然而，这种情况下的燃料面到烟层底部的高度 Z 是从着火的那一层起算，如图 5-26（b）所示。

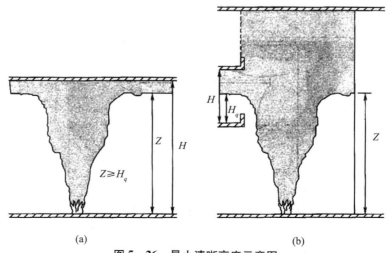

(a)   (b)

图 5-26 最小清晰高度示意图

空间净高按如下方法确定：

（1）对于平顶和锯齿形的顶棚，空间净高为从顶棚下沿到地面的距离。

（2）对于斜坡式的顶棚，空间净高为从排烟开口中心到地面的距离。

（3）对于有吊顶的场所，其净高应从吊顶处算起；设置格栅吊顶的场所，其净高应从上层楼板下边缘算起。

4. 火灾热释放速率应按下式计算：

$$Q = \alpha \cdot t^2 \tag{5-2}$$

式中：Q——热释放速率（kW）；

t——火灾增长时间（s）；

α——火灾增长系数（按表5-4取值）（kW/s²）。

表5-4 火灾增长系数

火灾类别	典型的可燃材料	火灾增长系数（kW/s²）
慢速火	硬木家具	0.00278
中速火	棉质、聚酯垫子	0.011
快速火	装满的邮件袋、木制货架托盘、泡沫塑料	0.044
超快速火	池火、快速燃烧的装饰家具、轻质窗帘	0.178

排烟系统的设计计算取决于火灾中的热释放速率，因此首先应明确设计的火灾规模，设计的火灾规模取决于燃烧材料性质、时间等因素和自动灭火设施的设置情况，为确保安全，一般按可能达到的最大火势确定火灾热释放速率。

5. 烟羽流质量流量计算宜符合下列规定：

（1）轴对称型烟羽流：

当 $Z > Z_1$ 时，

$$M_\rho = 0.071 Q_C^{1/3} Z^{5/3} + 0.0018 Q_C \tag{5-3}$$

当 $Z \leq Z_1$ 时，

$$M_\rho = 0.032 Q_C^{3/5} Z \tag{5-4}$$

$$Z_1 = 0.166 Q_C^{2/5} \tag{5-5}$$

式中：Q_c——热释放速率的对流部分，一般取值为 $Q_c = 0.7Q$（kW）；

Z——燃料面到烟层底部的高度（m）（取值应大于或等于最小清晰高度与燃料面高度之差）；

Z_1——火焰极限高度（m）；

M_ρ——烟羽流质量流量（kg/s）。

（2）阳台溢出型烟羽流：

$$M_\rho = 0.36 \left[(QW^2)^{1/3} (Z_b + 0.25 H_1) \right] \tag{5-6}$$

$$W = w + b \tag{5-7}$$

式中：H_1——燃料面至阳台的高度（m）；

Z_b——从阳台下缘至烟层底部的高度（m）；

W——烟羽流扩散宽度（m）；

w——火源区域的开口宽度（m）；

b——从开口至阳台边沿的距离（m），$b \neq 0$；

（3）窗口型烟羽流：

$$M_\rho = 0.68 \left(A_W H_W^{1/2} \right)^{1/3} \left(Z_W + \alpha_W \right)^{5/3} + 1.59 A_W H_W^{1/2} \qquad (5-8)$$

$$\alpha_W = 2.4 A_W^{2/5} H_W^{1/5} - 2.1 H_W \qquad (5-9)$$

式中：A_w——窗口开口的面积（m²）；

H_w——窗口开口的高度（m）；

Z_w——窗口开口的顶部到烟层底部的高度（m）；

α_W——窗口型烟羽流的修正系数（m）。

轴对称型烟羽流、阳台溢出型烟羽流、窗口型烟羽流为火灾情况下涉及的三种烟羽流形式，计算公式选用了美国消防工程师协会标准 NFPA92《Standard for Smoke Control System》（《烟气控制系统标准》），其形式如图 5-27 至图 5-29 所示，轴对称型烟羽流的火源不受附近墙壁的限制。

阳台溢出型烟羽流公式适用于 $Z_b < 15\mathrm{m}$ 的情形，当 $Z_b \geq 15\mathrm{m}$ 时，可参照美国消防工程师协会标准 NFPA92《Standard for Smoke Control System》中相关规定计算。

窗口型烟羽流公式适用于通风控制型火灾（热释放速率由流进室内的空气量控制的火灾）和可燃物产生的火焰在窗口外燃烧的场景，并且仅适用于只有一个窗口的空间。

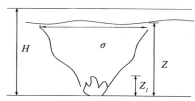

图 5-27　轴对称型烟羽流

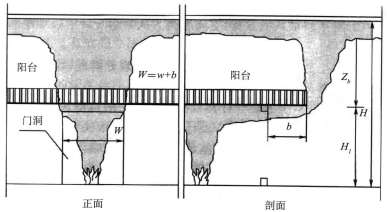

图 5-28　阳台溢出型烟羽流

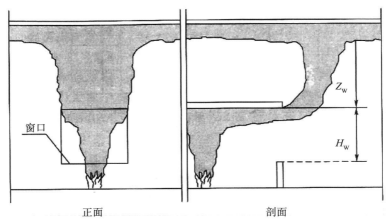

图 5 – 29　窗口溢出型烟羽流

6. 烟层平均温度与环境温度的差应按下式计算：

$$\Delta T = KQ_C / M_\rho C_\rho \tag{5 – 10}$$

式中：ΔT——烟层平均温度与环境温度的差（K）。

C_ρ——空气的定压比热，一般取 $C_\rho = 1.01$ ［kJ/（kg・K）］。

K——烟气中对流放热量因子。当采用机械排烟时，取 $K = 1$；当采用自然排烟时，取 $K = 0.5$。

本条规定了烟层平均温度与环境温度的差的确定方法，公式来源于美国消防工程师协会标准 NFPA92《Standard for Smoke Control System》。

7. 每个防烟分区排烟量应按下列公式计算：

$$V = M_\rho T / \rho_0 T_0 \tag{5 – 11}$$

$$T = T_0 + \Delta T \tag{5 – 12}$$

式中：V——排烟量（m³/s）；

ρ_0——环境温度下的气体密度（kg/m³），通常 $T_0 = 293.15\text{K}$，$\rho_0 = 1.2$（kg/m³）；

T_0——环境的绝对温度（K）；

T——烟层的平均绝对温度（K）。

本条规定了排烟量的确定方法，公式来源于美国消防工程师协会标准 NFPA92《Standard for Smoke Control System》。排烟风机的风量选型除根据设计计算确定外，还应考虑系统的泄漏量。

8. 机械排烟系统中，单个排烟口的最大允许排烟量 V_{max} 宜按下式计算：

$$V_{max} = 4.16 \cdot \gamma \cdot d_b{}^{5/2} \left(\frac{T - T_0}{T_0} \right)^{1/2} \tag{式 5 – 13}$$

式中：V_{max}——排烟口最大允许排烟量（m³/s）。

γ——排烟位置系数。当风口中心点到最近墙体的距离 ≥2 倍的排烟口当量直径时：γ 取 1；当风口中心点到最近墙体的距离 <2 倍的排烟口当量直径时：γ 取 0.5；当吸入口位于墙体上时：γ 取 0.5。

d_b——排烟系统吸入口最低点之下烟层厚度（m）。

T——烟层的平均绝对温度（K）。

T_0——环境的绝对温度（K）。

如果从一个排烟口排出太多的烟气，则会在烟层底部撕开一个"洞"，使新鲜的冷空气卷吸进去，随烟气被排出，从而降低了实际排烟量，如图 5 – 30 所示，因此本条规定了每个排烟口的最高临界排烟量，公式来源于美国消防工程师协会标准 NFPA92《Standard for Smoke Control System》。其中排烟口的当量直径为 4 倍排烟口有效截面积与截面周长之比。排烟口设置位置如图 5 – 31 所示。

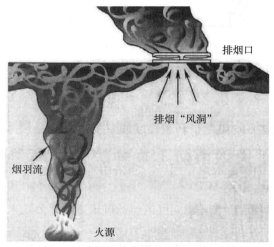

图 5 – 30　排烟口的最高临界排烟量示意图

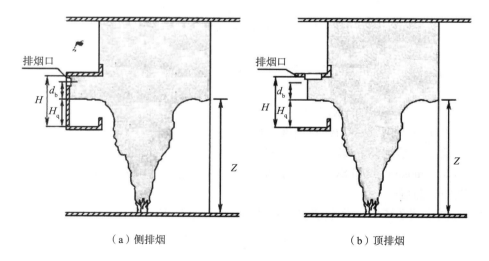

（a）侧排烟　　　　　　　　　　　　（b）顶排烟

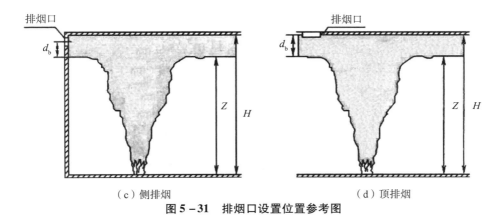

（c）侧排烟　　　　　　　　　　　（d）顶排烟

图 5 – 31　排烟口设置位置参考图

第四节　补风系统

一、补风原理

根据空气流动的原理，在排出某一区域空气的同时，需要有另一部分空气进行补充。当排烟系统排烟时，补风的主要目的是形成理想的气流组织，迅速排除烟气，有利于人员的安全疏散和消防救援。

二、补风系统的选择

除地上建筑的走道或建筑面积小于 $500m^2$ 的房间外，设置排烟系统的场所应设置补风系统（如图 5 – 32 所示）。根据空气流动的原理，必须要有补风才能排出烟气。当排烟系统排烟时，补风的主要目的是形成理想的气流组织，迅速排除烟气，有利于人员的安全疏散和消防人员的进入。对于建筑地上部分的机械排烟的走道、小于 $500m^2$ 的房间，由于这些场所的面积较小，排烟量也较小，因此可以利用建筑的各种门窗和缝隙，满足排烟系统所需的补风。为了简化系统管理和减少工程投入，可以不专门为这些场所设置补风系统。但是除这些场所以外的排烟系统均应设置补风系统。补风系统应直接从室外引入空气，可采用疏散外门、手动或自动可开启外窗等自然进风方式以及机械送风方式。

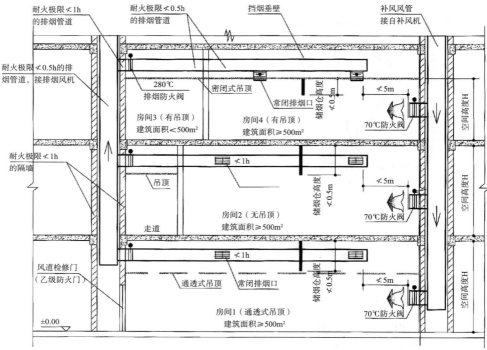

图 5 - 32　地上建筑设置补风系统示意图

三、补风的主要设计参数

1. 补风量。

（1）补风系统应直接从室外引入空气，补风量不应小于排烟量的 50%（如图 5 - 33 至图 5 - 34 所示）。补风系统可采用疏散外门、手动或自动可开启外窗等自然进风方式以及机械送风方式。防火门、窗不得用作补风设施。风机应设置在专用机房内。

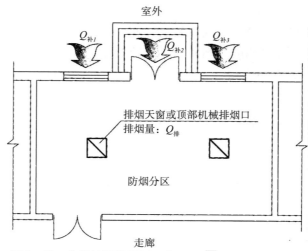

图 5 - 33　自然补风的平面示意图（ $\sum Q_{补} \geqslant 50\% Q_{排}$ ）

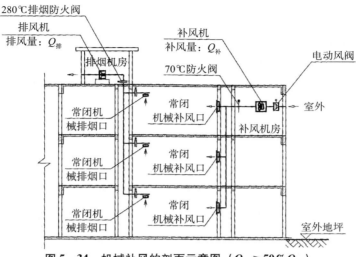

图 5 - 34　机械补风的剖面示意图 ($Q_补 \geqslant 50\%Q_排$)

（2）汽车库内无直接通向室外的汽车疏散出口的防火分区，当设置机械排烟系统时，应同时设置进风系统，且送风量不宜小于排烟量的 50%。

（3）在人防工程中，当补风通路的空气阻力不大于 50Pa 时，可自然补风；当补风通路的空气阻力大于 50Pa 时，应设置发生火灾时可转换成补风的机械送风系统或单独的机械补风系统，且补风量不应小于排烟量的 50%。

2. 补风风速。机械补风口的风速不宜大于 10m/s，人员密集场所补风口的风速不宜大于 5m/s；自然补风口的风速不宜大于 3m/s。

一般场所机械送风口的风速不宜大于 10m/s；公共聚集场所为了减少送风系统对人员疏散的干扰和心理恐惧的不利影响，规定其机械送风口的风速不宜大于 5m/s，自然补风口的风速不宜大于 3m/s。

四、补风系统组件与设置

1. 补风口。补风口与排烟口设置在同一空间内相邻的防烟分区时，补风口位置不限；当补风口与排烟口设置在同一防烟分区时，补风口应设在储烟仓下沿以下；补风口与排烟口水平距离不应少于 5m（如图 5 - 35 所示）。

补风口可设置在本防烟分区内，也可设置在其他防烟分区内。当补风口与排烟口设置在同一防烟分区内时，补风口应设在储烟仓下沿以下，且补风口应与储烟仓、排烟口保持尽可能大的间距，这样才不会扰动烟气，也不会使冷热气流相互对撞，造成烟气的混流；当补风口与排烟口设置在同一空间内相邻的防烟分区时，由于挡烟垂壁的作用，冷热气流已经隔开，故补风口位置不限。

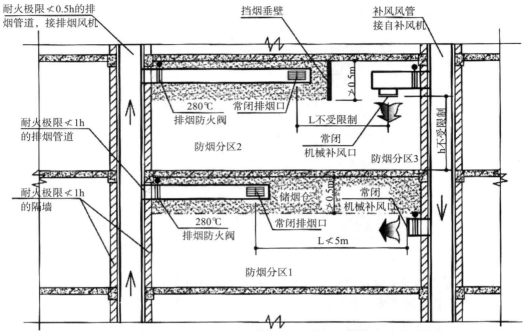

图 5-35　补风口和排烟口设置在同一空间内的剖面示意图

2. 补风机。补风机的设置与机械加压送风机的要求相同。排烟区域所需的补风系统应与排烟系统联动开闭。

3. 补风管道。补风管道耐火极限不应低于0.5h，当补风管道跨越防火分区时（如图5-36），管道的耐火极限不应低于1.5h。

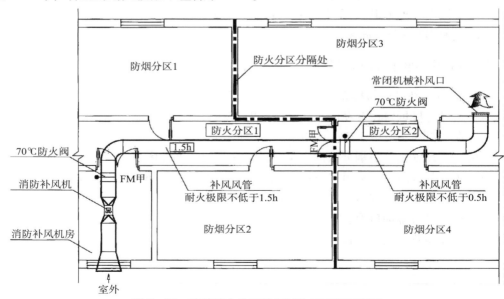

图 5-36　跨越防火分区的机械补风平面示意图

复习思考题

一、单项选择题

1. 下列厂房或仓库中，按规范应设置防排烟设施的是（　　）。

A. 每层建筑面积为 1200m² 的 2 层丙类仓库

B. 丙类厂房内建筑面积为 120m² 的生产监控室

C. 建筑面积为 3000m² 的丁类生产车间

D. 单层丙类厂房内长度为 35m 的疏散走道

2. 下列民用建筑的场所或部位中，应设置排烟设施的是（　　）。

A. 设置在二层，房间建筑面积为 50m² 的歌舞娱乐放映游艺场所

B. 地下一层的防烟楼梯间前室

C. 建筑面积为 120m² 的中庭

D. 建筑内长度为 18m² 的疏散走道

3. 某建筑净空高度为 5m 的商业营业厅，设有机械排烟系统，共划分为 4 个防烟分区，最小防烟分区面积为 500m²。根据《建筑防烟排烟系统技术标准》，该机械排烟系统设置的下列方案中，正确的是（　　）。

A. 排烟口与最近安全出口的距离为 1.2m　　B. 防烟分区的最大长边长度为 40m

C. 最小防烟分区的排烟量为 30000m³/h　　D. 最大防烟分区的建筑面积为 1500m²

4. 对某公共建筑防排烟系统设置情况进行检查。下列检查结果中，不符合现行国家消防技术标准要求的是（　　）。

A. 地下一层长度为 20m 的疏散走道未设置排烟设施

B. 地下一层 1 个 50m² 的仓库内未设置排烟设施

C. 四层 1 个 50m² 的会议室内未设置排烟设施

D. 四层 1 个 50m² 的游戏室内未设置排烟设施

5. 某二类高层建筑设有独立的机械排烟系统，下列不属于排烟系统设施的是（　　）。

A. 在 280℃ 的环境条件下能够连续工作 30min 的排烟风机

B. 动作温度为 70℃ 的防火阀

C. 采取了隔热防火措施的镀锌钢板风道

D. 可手动和电动启动的常闭排烟口

6. 下列关于排烟风机设置的说法，正确的是（　　）。

A. 排烟风机宜设置在排烟系统的底部

B. 排烟风机烟气出口宜低于加压送风机和补风机的进风口

C. 排烟风机与送风机水平布置时，送风机的进风口与排烟机的出风口边缘最小水平距离不应小于 20m

D. 排烟风机与送风机竖向布置时，送风机的进风口位于排烟机出风口下方，两者边缘垂直距离不应小于 5m

二、多项选择题

某建筑高度为 23m 的 5 层商业建筑，长度为 100m，宽度为 50m，每层建筑面积为 5000m²，设置有自动喷水灭火系统、火灾自动报警系统和防烟排烟系统等消防设施，下列关于机械排烟系统应满足要求的说法中，正确的有（   ）。

A. 采用的排烟风机应能在 280℃时连续工作 30min

B. 火灾时应由火灾自动报警系统联动开启排烟口

C. 与垂直管道连接的每层水平支管上应设置防火阀

D. 排烟口应设置现场手动开启装置

E. 排烟风机配电线路的末端自动切换应设置在楼层配电间内

（注：《建筑设计防火规范（2018 年版）》中规定，消防控制室、消防水泵房、防烟和排烟风机房的消防用电设备及消防电梯等的供电，应在其配电线路的最末一级配电箱处设置自动切换装置）

三、简答题

1. 试述机械排烟系统的工作原理。

2. 人防工程的哪些部位应设置机械排烟系统？

3. 哪些排烟管道上需要安装排烟防火阀？

4. 试述补风系统的工作原理。

四、案例分析题

某公共娱乐场所，砖混结构，建筑高度 12m，共 3 层，每层室内净高为 3.8m，每层建筑面积为 18m × 50m = 900m²，一层有一个 180m² 的大堂、一个 640m² 的迪高厅和一个建筑面积为 80m² 的消防控制室，二、三层为 KTV 包房，设有宽 2m、长 50m 的内走道，包房建筑面积不大于 120m²，均设有可开启的外窗。迪高厅和内走道均无法设置可开启外窗。该建筑按规范要求设置了自动报警系统、自动喷水灭火系统、消防火栓系统、应急照明和疏散指示标志等消防设施。根据以上材料，回答下列问题：

（1）该建筑哪些部位应当设置排烟设施，为什么？

（2）该建筑哪些部位应当设置机械排烟系统，为什么？

（3）计算内走道的排烟量。

（4）迪高厅最少划分几个防烟分区，排烟口如何设置？

实训二　机械排烟系统设备初识

一、实训目的

通过实训，认识常见的机械排烟系统设备，并且掌握重要设备的设置要求。

二、实训内容

1. 机械排烟系统的组成——通过实物逐一介绍。机械排烟系统是由排烟风机、排烟防火阀、排烟阀（口）、排烟管道、挡烟垂壁组成的。

（1）排烟风机。排烟风机可采用离心式或轴流排烟风机（满足280℃时连续工作30min的要求）。

（2）排烟防火阀。排烟防火阀是安装在机械排烟系统的管道上，平时呈开启状态，火灾时当排烟管道内烟气温度达到280℃时关闭，并在一定时间内能满足漏烟量和耐火完整性要求，是起隔烟阻火作用的阀门。一般由阀体、叶片、执行机构和温感器等部件组成。

（3）排烟阀（口）。排烟阀是安装在机械排烟系统各支管端部（烟气吸入口处），平时呈关闭状态并满足漏风量要求，火灾时可手动和电动启闭，是起排烟作用的阀门。一般由阀体、叶片、执行机构等部件组成。

（4）排烟管道。机械排烟系统应采用管道排烟，且不应采用土建风道。排烟管道应采用不燃材料制作且内壁应光滑。

（5）挡烟垂壁。挡烟垂壁是用不燃材料制成，垂直安装在建筑顶棚、横梁或吊顶下，在火灾时能形成一定的蓄烟空间的挡烟分隔设施。挡烟垂壁分固定式和活动式两种。固定式挡烟垂壁是指固定安装的、能满足设定挡烟高度的挡烟垂壁；活动式挡烟垂壁是指可从初始位置自动运行至挡烟工作位置，并满足设定挡烟高度的挡烟垂壁。

2. 机械排烟系统设备的设置要求——结合现场设备逐一介绍。

（1）排烟风机的设置要求。

①排烟风机入口处应设置280℃能自动关闭的排烟防火阀，该阀应与排烟风机连锁，当该阀关闭时，排烟风机应能停止运转。

②排烟风机宜设置在排烟系统的顶部，烟气出口宜朝上，并应高于加压送风机和补风机的进风口，两者垂直距离或水平距离应符合：竖向布置时，送风机的进风口应设置在排烟机出风口的下方，其两者边缘最小垂直距离不应小于6m；水平布置时，两者边缘最小水平距离不应小于20m。

③排烟风机应设置在专用机房内，该房间应采用耐火极限不低于2h的隔墙和耐火极限不低于1.5h的楼板及甲级防火门与其他部位隔开。风机两侧应有600mm以上的空间。当必须与其他风机合用机房时，应符合下列条件：

a. 机房内应设有自动喷水灭火系统；

b. 机房内不得设有用于机械加压送风的风机与管道；

c. 排烟风机与排烟管道的连接部件应能在280℃时连续工作不少于30min，保证其结构完整性。

（2）排烟防火阀的设置要求。排烟管道下列部位应设置排烟防火阀：

①垂直风管与每层水平风管交接处的水平管段上；

②一个排烟系统负担多个防烟分区的排烟支管上；

③排烟风机入口处；

④穿越防火分区处。

（3）排烟阀（口）的设置要求。

①排烟口应设在防烟分区所形成的储烟仓内，当用隔墙或挡烟垂壁划分防烟分区时，每个防烟分区应分别设置排烟口，排烟口的设置应经计算确定，且防烟分区内任一点与最近的排烟口的水平距离不应大于30m。

②走道、室内空间净高不大于3m的场所内排烟口应设置在其净空高度的1/2以上，当设置在侧墙时，其最近的边缘与吊顶的距离不应大于0.5m。

③当排烟口设在吊顶内且通过吊顶上部空间进行排烟时，应符合下列规定：

a. 吊顶应采用不燃材料，且吊顶内不应有可燃物；

b. 封闭式吊顶上设置的烟气流入口的颈部烟气速度不宜大于1.5m/s；

c. 非封闭式吊顶的开孔率不应小于吊顶净面积的25%，且孔洞应均匀布置。

④单独设置的排烟口，平时应处于关闭状态，其控制方式可采用自动或手动开启方式，手动开启装置的位置应便于操作；当排风口和排烟口合并设置时，应在排风口或排风口所在支管处设置自动阀门，该阀门必须具有防火功能，且应与火灾自动报警系统联动；发生火灾时，着火防烟分区内的阀门应处于开启状态，其他防烟分区内的阀门应全部关闭。

（4）排烟管道的设置要求。

①当吊顶内有可燃物时，吊顶内的排烟管道应采用不燃材料进行隔热，并应与可燃物保持不小于150mm的距离。

②设置排烟管道的管道井应采用耐火极限不低于1h的隔墙与相邻区域分隔；当墙上必须设置检修门时，应采用乙级防火门。

③排烟管道的设置和耐火极限应符合下列规定：

a. 排烟管道及其连接部件应能在280℃时连续30min保证其结构完整性。

b. 竖向设置的排烟管道应设置在独立的管道井内，排烟管道的耐火极限不应低于0.5h。

c. 水平设置的排烟管道应设置在吊顶内，其耐火极限不应低于0.5h；当确有困难时，可直接设置在室内，但管道的耐火极限不应低于1h。

d. 设置在走道部位吊顶内的排烟管道，以及穿越防火分区的排烟管道，其管道的耐火极限不应低于1h，但设备用房和汽车库的排烟管道耐火极限可不低于0.5h。

（5）挡烟垂壁的设置要求。

①挡烟垂壁有效高度不小于500mm。

②挡烟垂壁应使用不燃烧材料制作，如钢板、防火玻璃、无机纤维织物、不燃无机复合板等。

③活动式的挡烟垂壁应由感烟探测器控制，或与排烟口联动，或受消防控制中心控制，但同时应能就地手动控制。

三、实训条件

设有机械排烟系统的建筑物或场所进行机械排烟设备的初识。

四、方法与步骤

1. 学生分组，建议分成 5 个小组，要求分工明确，选 1 名组长，负责协调、组织工作。

2. 布置任务，每个小组负责查找一种机械防排烟设备的设置要求，并在实训时带领大家学习，要求学生清楚了解实践教学中所需达到的学习效果，明确实训目的、实训方法和步骤。

3. 以组为单位，学生查阅相关资料，做好准备工作。

4. 教师在实训室带领大家认识排烟设备的组成。

5. 学生分组讲解，教师在讲解过程中进行补充、总结。

6. 布置作业：让学生在教学楼、图书馆等场所找到相应的机械排烟设备，并拍照上传。

五、实训要求

1. 实训前，指导教师应根据学生实际情况，认真备课，制作完善、周密的实训方案。

2. 要求全体学生参加实训活动，在实训过程中做好记录，实训结束后进行个人评价，并完成实训报告。

3. 指导教师要对实训过程中表现好的方面给予肯定，对存在的不足，应给出相应的解决方法，并对每个学生的实训过程进行评价。

六、注意事项

1. 学生在教师讲解和学生讲解过程中遵守纪律，并爱护实训室的设备。

2. 在教学楼、图书馆等场所观察机械排烟设备的时候，不能动手操作，以防误操作，联动其他消防设备。

第六章　防烟排烟系统控制

本章学习目标

1. 掌握防烟系统的联动控制方式。
2. 掌握排烟系统的联动控制方式。

第一节　防烟系统控制

防烟系统的报警联动控制，是指机械防烟系统的报警联动控制。机械防烟系统，即机械加压送风系统应与火灾自动报警系统联动，其联动控制应符合现行国家标准《火灾自动报警系统设计规范》（GB 50116—2013）的有关规定。

一、加压送风机的控制方式

加压送风机是送风系统工作的"心脏"，必须具备多种方式可以启动，除接收火灾自动报警系统信号联动启动外，还应能独立控制，不受火灾自动报警系统故障因素的影响。

根据《建筑防烟排烟系统技术标准》，加压送风机的启动应符合下列规定：

（1）现场手动启动；

（2）通过火灾自动报警系统自动启动；

（3）消防控制室手动启动；

（4）系统中任一常闭加压送风口开启时，加压风机应能自动启动。

概括起来，加压送风机的控制方式有三种：自动控制、手动控制和连锁启动。加压送风机启动和停止的动作信号均能反馈至消防联动控制器。

1. 自动控制。在自动控制方式下，同一防火分区内两只独立的火灾探测器报警，或一只火灾探测器与一只手动报警按钮报警，应在 15s 内联动开启加压送风机，并应符合下列规定：

（1）应开启该防火分区楼梯间的全部加压送风机；

（2）应开启该防火分区内着火层及其相邻上下层前室及合用前室的加压送风机。

2. 手动控制。

（1）加压送风机的启动、停止按钮，应采用专用线路直接连接至设置在消防控制室内的消防联动控制器的手动控制盘，并应直接手动控制防烟风机的启动和停止。

（2）加压送风机也应具备现场手动启动功能。

3. 连锁启动。连锁启动是一种直接多线启动的方式，不应受火灾自动报警系统故障因素的影响。系统中任一常闭加压送风口开启时，加压送风机应能自动启动，连锁开启加压送风机。

二、常闭加压送风口的控制方式

常闭加压送风口作为机械加压送风系统的出口，它的控制方式有自动控制和手动控制。送风口开启和关闭的动作信号均应反馈至消防联动控制器。

1. 自动控制。在自动控制方式下，同一防火分区内两只独立的火灾探测器报警，或一只火灾探测器与一只手动报警按钮报警，应在15s内联动开启常闭加压送风口，并应符合下列规定：应开启该防火分区内着火层及其相邻上下层前室及合用前室的常闭送风口。

2. 手动控制。

（1）常闭加压送风口应能在消防控制室内的消防联动控制器上手动控制开启。同一防火分区可能存在多个加压送风口，可以在联动控制器上设置分区控制，一键启动同一防火分区的所有常闭加压送风口。

（2）常闭加压送风口应具备现场手动启动功能。对于设置位置较高，不方便操作的加压送风口，应设置远距离操作开关，确保手动操作方便可靠。一般常闭加压送风口带有装饰盖板，打开装饰盖板可以手动开启送风口，同时方便维修调试和复位。

三、防烟系统的联动控制要求

当火灾发生时，机械加压送风系统应能够及时开启，防止火灾烟气侵入作为疏散通道的防烟楼梯间及其前室、消防电梯前室或合用前室以及封闭的避难层（间），以确保有一个安全可靠、畅通无阻的疏散通道和安全疏散所需的时间，这就需要及时正确地控制和监视机械加压送风防烟系统的运行。

对采用总线控制的系统，当某一防火分区发生火灾时，将该防火分区内的感烟、感温探测器探测的火灾信号发送至火灾报警控制器（联动型）或消防联动控制器，控制器发出开启与探测器对应的该防火分区内前室及合用前室的常闭加压送风口的信号至相应送风口的火警联动模块，由它开启送风口。消防控制中心收到送风口动作信号，就发出指令给装在加压送风机附近的火警联动模块，启动前室及合用前室的加压送风机，同时启动该防火分区内所有楼梯间的加压送风机。当防火分区跨越楼层时，应开启该防火分区内全部楼层的前室及合用前室的常闭加压送风口及其加压送风机。当确认火灾后，火灾自动报警系统应能在15s内联动开启常闭加压送风口和加压送风机。除火警信号联动外，还可以通过联动模块在消防控制室直接手动控制，或在消防控制室通过多线控制盘直接手动启动加压送风机，也可手动开启常闭型加压送风口，由送风口开启信号联动加压送风机。另外，设置就地启停控制按钮，以供调试及维修使用。当系统中任一常闭加压送风口开启时，相应加压送风机应能联动启动。

火警撤销由消防控制中心通过火警联动模块停止加压送风机，送风口通常由手动复位。消防联动控制器应显示防烟系统的送风机和阀门等设施的启闭状态，防烟楼梯间及前室、消防电梯间前室和合用前室加压送风控制程序如图 6-1 所示。

机械加压送风系统宜设有测压装置及风压调节措施。机械加压送风系统设置测压装置，既可作为系统运作的信息掌控，又可作为超压后启动余压阀、风压调节措施的动作信号。

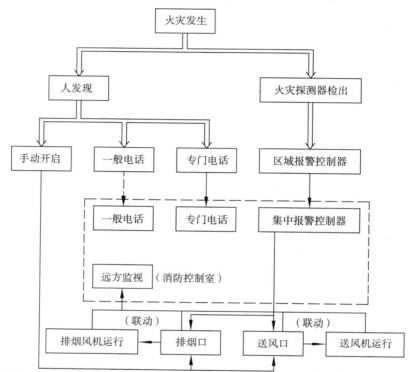

图 6-1　防烟楼梯间及前室、消防电梯间前室和合用前室加压送风控制程序

第二节　排烟系统控制

排烟系统的报警联动控制，既包括机械排烟系统的报警联动控制，也包括自然排烟系统的报警联动控制。机械排烟系统应与火灾自动报警系统联动，其联动控制应符合现行国家标准《火灾自动报警系统设计规范》的有关规定。自然排烟系统可采用与火灾自动报警系统联动和温度释放装置联动的控制方式。

一、机械排烟系统控制

1. 排烟风机、补风机的控制方式。根据《建筑防烟排烟系统技术标准》，排烟风机、补风机的控制方式应符合下列规定：

（1）现场手动启动；

（2）通过火灾自动报警系统自动启动；

（3）消防控制室手动启动；

（4）系统中任一排烟阀或排烟口开启时，排烟风机、补风机自动启动；

（5）排烟防火阀在280℃时应自行关闭，并应连锁关闭排烟风机和补风机。

概括起来，排烟风机、补风机的控制方式有三种：自动控制、手动控制和连锁启动。排烟风机和补风机的启动和停止的动作信号均能反馈至消防联动控制器。

（1）自动控制。在自动控制方式下，同一防烟分区内两只独立的火灾探测器的报警信号作为排烟口、排烟窗或排烟阀开启的联动触发信号，并应由消防联动控制器联动排烟口、排烟窗或排烟阀的开启，同时停止该防烟分区的空气调节系统。应由排烟口、排烟窗或排烟阀开启的动作信号作为排烟风机启动的联动触发信号，并应由消防联动控制器联动控制排烟风机的启动。

火灾自动报警系统应在15s内联动开启排烟风机和补风设施，并应在30s内自动关闭与排烟无关的通风、空调系统。

（2）手动控制。排烟风机和补风机的启动、停止按钮应采用专用线路直接连接至设置在消防控制室内的消防联动控制器的手动控制盘，并应直接手动控制防烟风机、补风机的启动和停止。

排烟风机、补风机也应具备现场手动启动功能。

（3）连锁启动。连锁启动是一种直接多线启动的方式，不应受火灾自动报警系统故障因素的影响。系统中任一排烟阀或排烟口开启时，排烟风机、补风机应能自动启动。排烟风机入口处的排烟防火阀，以及各排烟支管的排烟防火阀，应在280℃时自行关闭，并应连锁关闭排烟风机和补风机。

2. 常闭排烟阀或排烟口的控制方式。机械排烟系统中的常闭排烟阀或排烟口的控制方式有自动控制和手动控制，它们开启和关闭的动作信号均应反馈至消防联动控制器。

（1）自动控制。在自动控制方式下，同一防烟分区内两只独立的火灾探测器的报警信号作为排烟口、排烟窗或排烟阀开启的联动触发信号，并应由消防联动控制器联动排烟口、排烟窗或排烟阀的开启。火灾自动报警系统应在15s内联动开启相应防烟分区的全部排烟阀、排烟口。

需要注意的是，当火灾确认后，担负两个及以上防烟分区的排烟系统（如图6-2所示），应仅打开着火防烟分区的排烟阀或排烟口，其他防烟分区的排烟阀或排烟口应呈关闭状态（如图6-3所示）。

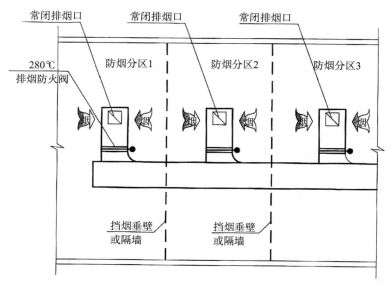

图 6-2　担负两个及以上防烟分区的排烟系统平面示意图

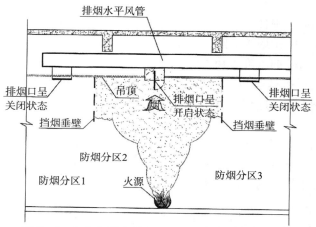

图 6-3　仅打开着火防烟分区排烟口的剖面示意图

　　（2）手动控制。常闭排烟阀、排烟口应能在消防控制室内的消防联动控制器上手动控制开启。同一防烟分区可能存在多个排烟口（或排烟阀），可以在联动控制器上设置分区控制，一键启动同一防烟分区的所有排烟口（或排烟阀）。

　　常闭排烟阀、排烟口也应具备现场手动启动功能。对于设置位置较高，不方便操作的排烟阀、排烟口，应设置远距离操作开关，以确保手动操作方便可靠。

　　3. 活动挡烟垂壁的控制方式。活动挡烟垂壁应具有火灾自动报警系统自动启动和现场手动启动功能，当火灾确认后，火灾自动报警系统应在15s内联动相应防烟分区的全部活动挡烟垂壁，60s内挡烟垂壁应开启到位。挡烟垂壁开启和关闭的动作信号也应反馈至消防联动控制器。

　　4. 机械排烟系统的联动控制要求。发生火警时，与排烟阀（口）相对应的火灾探测器探测到火灾信号并发送至火灾报警控制器（联动型），控制器发出开启排烟阀（口）信号至相应排烟阀（口）的火警联动模块，由它开启排烟阀（口），排烟阀（口）的电源是直流24V。消防联动控制器收到排烟阀（口）动作信号，就发出指令给装在排烟风机、补风机附近的火警联动模块，启动排烟风机和补风机。除火警信号联动外，还可以通过联动模块在消防控制室直接点动控制，或在消防控制室通过多线控制盘直接手动启动，也可在现场手动启动排烟风机和补风机。另外，设置就地启停控制按钮，以供调试及维修使用。当确认火灾后，火灾自动报警系统应在15s内联动开启同一排烟区域的全部排烟阀（口）、排烟风机和补风设施，并应在30s内自动关闭与排烟无关的通风、空调系统。负担两个及以上防烟分区的排烟系统，应仅打开着火防烟分区的排烟阀（口），其他防烟分区的排烟阀（口）应呈关闭状态。当系统中任一排烟阀（口）开启时，相应的排烟风机和补风机应能联动启动。火警撤销由消防控制室通过火警联动模块停止排烟风机和补风机，关闭排烟阀（口）。

若排烟系统吸入高温烟雾，当烟温达到280℃时，应停止排烟风机，所以在风机进口处设置排烟防火阀，或当一个排烟系统负担多个防烟分区时，排烟支管应设280℃自动关闭的排烟防火阀。当烟温达到280℃时，排烟防火阀自动关闭，可通过触点开关（串入风机启停回路）直接停止排烟风机，但收不到防火阀关闭的信号。也可在排烟防火阀附近设置火警联动模块，将防火阀关闭的信号传送到消防控制室，消防控制室收到此信号后，再发出指令至排烟风机火警联动模块停止风机，这样消防控制室不仅可以收到停止排烟风机信号，而且也能收到防火阀的动作信号。消防联动控制器应显示排烟系统的排烟风机、补风机、阀门等设施的启闭状态，具体运行方式如图6-4和图6-5所示。

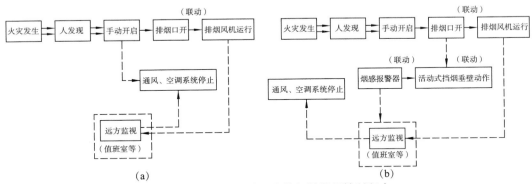

图6-4 不设消防控制室的机械排烟控制程序

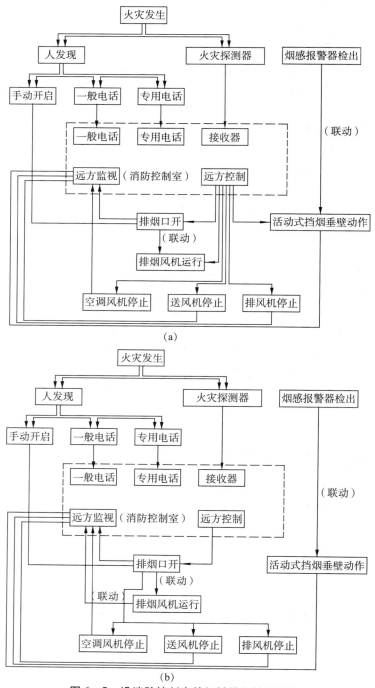

图 6-5　设消防控制室的机械排烟控制程序

二、自然排烟系统控制

自动排烟窗可采用与火灾自动报警系统联动和温度释放装置联动的控制方式。当采用与火灾自动报警系统自动启动时，自动排烟窗应在 60s 内或小于烟气充满储烟仓时间内开启完毕。带有温控功能自动排烟窗，其温控释放温度应大于环境温度 30℃ 且小于 100℃。

复习思考题

一、单项选择题

1. 关于建筑机械防烟系统联动控制的说法，正确的是（　　）。

A. 由同一防火分区内的两只独立火灾探测器作为相应机械加压送风机开启的联动触发信号

B. 火灾确认后，火灾自动报警系统应能在 30s 内联动开启相应的机械加压送风机

C. 加压送风口所在防火分区确认火灾后，火灾自动报警系统应仅联动开启所在楼层前室送风口

D. 火灾确认后，火灾自动报警系统应能在 20s 内联动开启相应的常闭加压送风口

2. 关于防火阀和排烟防火阀在建筑通风和排烟系统中的设置要求，下列说法中错误的是（　　）。

A. 排烟防火阀开启和关闭的动作信号应反馈至消防联动控制器

B. 防火阀和排烟防火阀应具备温感器控制方式

C. 安装在排烟风机入口总管处的排烟防火阀关闭后，应直接联动控制排烟风机停止运转

D. 当建筑内每个防火分区的通风、空调系统均独立设置时，水平风管与竖向总管的交界处应设置防火阀

二、多项选择题

某多层商场，每层设有 3 个防火分区、6 个防烟分区，根据现行国家标准《建筑防烟排烟系统技术标准》，该建筑下列关于排烟系统控制说法错误的有（　　）。

A. 将排烟风机入口处设置的排烟防火阀的关闭动作信号作为排烟风机关闭的触发信号

B. 火灾确认后，火灾自动报警系统在 30s 内自动关闭与排烟无关的通风、空调系统

C. 火灾确认后，火灾自动报警系统在 20s 内联动开启相应防烟分区的全部排烟口

D. 每层设一套排烟系统，该层任一排烟阀开启后，该层排烟风机自动启动

E. 火灾确认后，火灾自动报警系统在 20s 内联动开启相应防烟分区的全部活动挡烟垂壁

三、简答题

1. 试述机械加压送风机的联动要求。

2. 试述排烟系统的联动要求。

实训三　防烟系统的控制

一、实训目的

通过实训，掌握加压送风机、常闭加压送风口的控制要求，以及防烟系统的联动控制要求。

二、实训内容

防烟系统的控制要求如表 6 - 1 所示。

表 6 - 1　防烟系统的控制要求

类别	要求
加压送风机	加压送风机的启动应符合下列规定： （1）现场手动启动 （2）通过火灾自动报警系统自动启动 （3）消防控制室手动启动 （4）系统中任一常闭加压送风口开启时，加压风机应能自动启动 加压风机启动和停止的动作信号均能反馈至消防联动控制器
常闭加压送风口	常闭加压送风口作为机械加压送风系统的出口，它的控制方式有自动控制和手动控制，手动控制又分为现场手动和控制室手动。送风口开启和关闭的动作信号均应反馈至消防联动控制器
联动	当防火分区内火灾确认后，应能在 15s 内联动开启常闭加压送风口和加压送风机，并应符合下列要求： （1）应开启该防火分区楼梯间的全部加压送风机 （2）应开启该防火分区内着火层及其相邻上下两层前室及合用前室的常闭加压送风口，同时开启加压送风机

三、实训条件

在设有机械防烟系统的实训室进行防烟系统的控制实训。

四、方法与步骤

1. 学生分组，建议 5 人一组，要求分工明确，选 1 名组长，负责协调、组织工作。

2. 布置任务，要求学生清楚了解实践教学中所需达到的学习效果，明确实训目的、实训方法和步骤。

3. 学生以组为单位，分别练习加压送风机的 4 种启动方式、常闭加压送风口 2 种启动方式和防烟系统的联动控制。

4. 学生操作时，教师应在旁边进行观察和指导。

5. 布置作业：完成实训报告。

五、实训要求

1. 实训前，指导教师应根据学生实际情况，认真备课，制作完善、周密的实训方案。

2. 要求全体学生参加实训活动，在实训过程中做好记录，实训结束后进行个人评价，并完成实训报告。

3. 指导教师要对实训过程中表现好的方面给予肯定，对存在的不足，应给出相应的解决方法，并对每个学生的实训过程进行评价。

六、注意事项

1. 实训过程中应注意安全。

2. 要爱护实训室的设备。

实训四　排烟系统的控制

一、实训目的

通过实训，掌握排烟风机、补风机、排烟阀（口）、活动挡烟垂壁、自动排烟窗的控制要求，以及排烟系统的联动控制要求。

二、实训内容

排烟系统的控制要求如表6-2所示。

表6-2　排烟系统的控制要求

类别	要求
排烟风机、补风机	排烟风机、补风机的控制方式，应符合下列要求： （1）现场手动启动 （2）通过火灾自动报警系统自动启动 （3）消防控制室手动启动 （4）系统中任一排烟阀或排烟口开启时，排烟风机、补风机自动启动 （5）排烟防火阀在280℃时应自行关闭，并应连锁关闭排烟风机和补风机 排烟风机和补风机的启动和停止的动作信号均能反馈至消防控制设备
排烟阀和排烟口	（1）机械排烟系统中的常闭排烟阀或排烟口应具有火灾自动报警系统自动开启、消防控制室手动开启和现场手动开启功能，其开启信号应与排烟风机联动 （2）当火灾确认后，担负两个及以上防烟分区的排烟系统，应仅打开着火防烟分区的排烟阀或排烟口，其他防烟分区的排烟阀或排烟口应呈关闭状态 排烟阀和排烟口启动和停止的动作信号均能反馈至消防控制设备

（续表）

类别	要求
活动挡烟垂壁	（1）活动挡烟垂壁应具有火灾自动报警系统自动启动和现场手动启动功能 （2）火灾确认后，火灾自动报警系统应在15s内联动相应防烟分区的全部活动挡烟垂壁，60s内挡烟垂壁应开启到位 活动挡烟垂壁启动和停止的动作信号均能反馈至消防控制设备
自动排烟窗	（1）当采用与火灾自动报警系统自动启动时，自动排烟窗应在60s内或小于烟气充满储烟仓时间内开启完毕，其启闭信号应能反馈至消防控制设备 （2）带有温控功能自动排烟窗，其温控释放温度应大于环境温度30℃且小于100℃
联动	火灾确认后，火灾自动报警系统应在15s内联动开启相应防烟分区的全部排烟阀、排烟口、排烟风机和补风设施，并应在30s内自动关闭与排烟无关的通风、空调系统

三、实训条件

在设有排烟系统的建筑物或场所进行排烟系统的控制实训。

四、方法与步骤

1. 学生分组，建议5人一组，要求分工明确，选1名组长，负责协调、组织工作。

2. 布置任务，要求学生清楚了解实践教学中所需达到的学习效果，明确实训目的、实训方法和步骤。

3. 学生以组为单位，分别练习排烟风机的5种控制要求、排烟阀和排烟口的2种控制要求、活动挡烟垂壁的2种控制要求、自动排烟窗的2种控制要求和排烟系统的联动控制。

4. 学生操作时，教师应在旁边进行观察和指导。

5. 布置作业：完成实训报告。

五、实训要求

1. 实训前，指导教师根据学生实际情况，认真备课，制作完善、周密的实训方案。

2. 要求全体学生参加实训活动，在实训过程中做好记录，实训结束后进行个人评价，并完成实训报告。

3. 指导教师要对实训过程中表现好的方面给予肯定，对存在的不足，应给出相应的解决方法，并对每个学生的实训过程进行评价。

六、注意事项

1. 实训过程中应注意安全。

2. 要爱护实训室的设备。

第七章　防烟排烟系统施工与调试

　　防烟排烟系统施工前，应对设备、材料及配件进行现场检查，检验合格后经监理工程师签证方可安装使用；施工应按批准的施工图、设计说明书及其设计变更通知单等文件的要求进行；系统安装完成后，施工单位应按相关专业调试规定进行调试验收。

　　防烟排烟系统的施工与调试应执行国家标准《建筑防烟排烟系统技术标准》、《通风与空调工程施工规范》（GB 50738—2011）、《通风与空调工程施工质量验收规范》（GB 50243—2016）以及《通风管道技术规程》（JGJ/T 141—2017），还应符合其他相关的现行国家标准规范的规定。

本章学习目标

1. 掌握防烟排烟系统安装前系统组件的检查方法和要求。
2. 熟悉防烟排烟系统组件安装要求。
3. 熟练掌握系统调试的方法和要求。

第一节　防烟排烟系统施工

一、防烟排烟系统施工一般规定

　　1. 防烟排烟系统的分部、分项工程划分。防烟排烟系统的分部、分项工程划分可按表 7 - 1 执行。

表 7 - 1　防烟排烟系统分部、分项工程划分表

分部工程	序号	子分部	分项工程
防烟排烟系统	1	风管（制作）、安装	风管的制作、安装及检测、试验
	2	部件安装	排烟防火阀、送风口、排烟阀或排烟口、挡烟垂壁、排烟窗的安装
	3	风机安装	防烟、排烟及补风机的安装
	4	系统调试	排烟防火阀、送风口、排烟阀或排烟口、挡烟垂壁、排烟窗、防烟排烟风机的单项调试及联动调试

121

2. 对施工单位的要求。

（1）施工单位必须具有相应的资质等级。

（2）施工现场管理应有相应的施工技术标准、工艺规程及实施方案、健全的施工质量管理体系和工程质量检验制度。

（3）施工现场质量管理检查记录应由施工单位质量检查员按表7-2填写，监理工程师进行检查，并作出检查结论。

表7-2 施工现场质量管理检查记录表

工程名称		施工许可证	
建设单位		项目负责人	
设计单位		项目负责人	
监理单位		项目负责人	
施工单位		项目负责人	
序号	项目		内容
1	现场质量管理制度		
2	质量责任制		
3	主要专业工种人员操作上岗证书		
4	施工图审查情况		
5	施工组织设计、施工方案及审批		
6	施工技术标准		
7	工程质量检验制度		
8	现场材料、设备管理		
9	其他		
10	……		
施工单位项目负责人： （签章） 年　月　日	监理工程师： （签章） 年　月　日		建设单位项目负责人： （签章） 年　月　日

3. 防烟排烟系统的施工条件。

（1）经批准的施工图、设计说明书等设计文件应齐全。

（2）设计单位应向施工、建设、监理单位进行技术交底。

（3）系统主要材料、部件，设备的品种、型号、规格应符合设计要求，并能保证正常施工。

（4）施工现场及施工中的给水、供电、供气等条件应满足连续施工作业要求。

（5）系统所需的预埋件、预留孔洞等施工前期条件应符合设计要求。

4. 防烟排烟系统施工过程质量控制的规定。

（1）施工前，应对设备、材料及配件进行现场检查，检验合格后经监理工程师签证方可安装使用。

（2）施工应按批准的施工图、设计说明书及其设计变更通知单等文件的要求进行。

（3）各工序应按施工技术标准进行质量控制，每道工序完成后，应进行检查，检查合格后方可进入下道工序。

（4）相关各专业工种之间交接时，应进行检验，并经监理工程师签证后方可进入下道工序。

（5）施工过程质量检查内容、数量、方法应符合《建筑防烟排烟系统技术标准》的相关规定（下文述及）。

（6）施工过程质量检查应由监理工程师组织施工单位人员完成。

（7）系统安装完成后，施工单位应按《建筑防烟排烟系统技术标准》的相关专业调试规定进行调试。

（8）系统调试完成后，施工单位应向建设单位提交质量控制资料和各类施工过程质量检查记录。

二、防烟排烟系统进场检验

防烟排烟系统施工前，应对设备、材料及配件进行现场检查，检验合格后经监理工程师签证方可安装使用。

1. 风管的进场检验。

（1）风管的材料品种、规格、厚度等应符合设计要求和现行国家标准的规定。当采用金属风管且设计无要求时，钢板或镀锌钢板的厚度应符合表 7-3 的规定。

表 7-3　钢板风管板材厚度

风管直径 D 或长边尺寸 B（mm）	送风系统（mm）		排烟系统（mm）
	圆形风管	矩形风管	
D（B）≤320	0.50	0.50	0.75
320 < D（B）≤450	0.60	0.60	0.75
450 < D（B）≤630	0.75	0.75	1.00
630 < D（B）≤1000	0.75	0.75	1.00
1000 < D（B）≤1500	1.00	1.00	1.20
1500 < D（B）≤2000	1.20	1.20	1.50
2000 < D（B）≤4000	按设计	1.20	按设计

注：1. 螺旋风管的钢板厚度可适当减少 10% ~ 15%。

2. 不适用于防火隔墙的预埋管。

检查数量：按风管、材料加工批的数量抽查 10%，且不得少于 5 件。

123

检查方法：尺量检查、直观检查，查验风管、材料质量合格证明文件、性能检验报告。

（2）有耐火极限要求的风管的本体、框架与固定材料、密封垫料等必须为不燃材料，材料品种、规格、厚度及耐火极限等应符合设计要求和国家现行标准的规定。

检查数量：按风管、材料加工批的数量抽查10%，且不应少于5件。

检查方法：尺量检查、直观检查与点燃试验，查验材料质量合格证明文件。

2. 防烟排烟系统中各类阀（口）的进场检验。

（1）排烟防火阀、送风口、排烟阀或排烟口等必须符合有关消防产品标准的规定，其型号、规格、数量应符合设计要求，手动开启灵活、关闭可靠严密。

检查数量：按种类、批抽查10%，且不得少于2个。

检查方法：测试、直观检查，查验产品的质量合格证明文件及符合国家市场准入要求的文件。

（2）防火阀、送风口和排烟阀或排烟口等的驱动装置，动作应可靠，在最大工作压力下工作正常。

检查数量：按批抽查10%，且不得少于1件。

检查方法：测试、直观检查，查验产品的质量合格证明文件及符合国家市场准入要求的文件。

（3）防烟排烟系统柔性短管的制作材料必须为不燃材料。

检查数量：全数检查。

检查方法：直观检查与点燃试验，查验产品的质量合格证明文件及符合国家市场准入要求的文件。

3. 风机的进场检验。风机应符合产品标准和有关消防产品标准的规定，其型号、规格、数量应符合设计要求，出口方向应正确。

检查数量：全数检查。

检查方法：核对、直观检查，查验产品的质量合格证明文件及符合国家市场准入要求的文件。

4. 活动挡烟垂壁及其电动驱动装置和控制装置的进场检验。活动挡烟垂壁及其电动驱动装置和控制装置应符合有关消防产品标准的规定，其型号、规格、数量应符合设计要求，动作可靠。

检查数量：按批抽查10%，且不得少于1件。

检查方法：测试、直观检查，查验产品的质量合格证明文件及符合国家市场准入要求的文件。

5. 自动排烟窗的驱动装置和控制装置的进场检验。自动排烟窗的驱动装置和控制装置应符合设计要求，动作可靠。

检查数量：按批抽查10%，且不得少于1件。

检查方法：测试、直观检查，查验产品的质量合格证明文件及符合国家市场准入要求的文件。

6. 防烟排烟系统进场检验过程中应填写的施工记录。对设备、材料及配件进行进场检验，施工单位的质量检查员应按表7-4填写检查记录，监理工程师进行检查，并作出检查结论。

表7-4 防烟排烟系统工程进场检验检查记录表

工程名称				
施工单位			监理单位	
施工执行标准名称及编号				
项目		《建筑防烟排烟系统技术标准》章节条款	施工单位检查记录	监理单位检查记录
进场检验	风管	6.2.1		
	排烟防火阀、送风口、排烟阀或排烟口以及驱动装置	6.2.2		
	风机	6.2.3		
	活动挡烟垂壁及其驱动装置	6.2.4		
	排烟窗驱动装置	6.2.5		
施工单位项目负责人：（签章）　　　　年　月　日			监理工程师：（签章）　　　年　月　日	
注：施工过程若用到其他表格，则应作为附件一并归档				

三、防烟排烟系统安装

防烟排烟系统安装施工应按批准的施工图、设计说明书及其设计变更通知单等文件的要求进行。

1. 风管的安装。

（1）风管的制作和连接。

①金属风管的制作和连接。

a. 风管采用法兰连接时，风管法兰材料规格应按表7-5选用，其螺栓孔的间距不得大于150mm，矩形风管法兰的四角处应设有螺孔。

表7-5 风管法兰及螺栓规格

风管直径D或风管长边尺寸B（mm）	法兰材料规格（mm）	螺栓规格
D（B）≤630	25×3	M6
630＜D（B）≤1500	30×3	M8
1500＜D（B）≤2500	40×4	
2500＜D（B）≤4000	50×5	M10

b. 板材应采用咬口连接或铆接，除镀锌钢板及含有复合保护层的钢板外，板厚大于 1.5mm 的可采用焊接。

c. 风管应以板材连接的密封为主，可辅以密封胶嵌缝或其他方法密封，密封面宜设在风管的正压侧。

d. 排烟风管的隔热层应采用厚度不小于 40mm 的不燃绝热材料。

②非金属风管的制作和连接。

a. 非金属风管的材料品种、规格、性能与厚度等应符合设计和现行国家产品标准的规定。

b. 法兰的规格应符合表 7-6 的规定，其螺栓孔的间距不得大于 120mm；矩形风管法兰的四角处应设有螺孔。

表 7-6　无机玻璃钢风管法兰规格

风管边长 B（mm）	法兰材料规格（mm）	螺栓规格
B≤400	30×4	M8
400＜B≤1000	40×6	
1000＜B≤2000	50×8	M10

c. 采用套管连接时，套管厚度应不小于风管板材的厚度。

d. 无机玻璃钢风管的玻璃布必须无碱或中碱，风管表面不得出现泛卤或严重泛霜。

③检查数量和检查方法。各系统按不小于 30% 检查，可以采用尺量检查、直观检查。

（2）风管的强度和严密性试验。按系统类别，风管系统可分为低压、中压、高压系统。风管应按系统类别进行强度和严密性试验。

风管强度应符合现行行业标准《通风管道技术规程》的规定。

金属矩形风管的允许漏风量要求如表 7-7 所示。金属圆形风管、非金属风管允许的气体漏风量应为金属矩形风管规定值的 50%。排烟风管应按中压系统风管的规定。

表 7-7　金属矩形风管的允许漏风量要求

系统类别	允许漏风量
低压系统风管（P≤500Pa）	≤0.1056P_{风管}^{0.65}
中压系统风管（500Pa＜P≤1500Pa）	≤0.0352P_{风管}^{0.65}
高压系统风管（P＞1500Pa）	≤0.0117P_{风管}^{0.65}

检查数量：按风管系统类别和材质分别抽查，不应少于 3 件及 15m²。

检查方法：检查产品合格证明文件和测试报告或进行测试。

（3）风管的安装要求。

①风管接口的连接：垫片厚度应不小于 3mm，不应凸入管内和法兰外；排烟风管法兰垫片应为不燃材料，薄钢板法兰风管应采用螺栓连接。

②风管与风机的连接：宜采用法兰或不燃材料的柔性短管连接（若风机仅用于防烟、排烟时，不宜采用柔性连接）；若有转弯处宜加装导流叶片，保证气流顺畅。

③风管穿越隔墙或楼板：空隙应采用水泥砂浆等不燃材料严密填塞。

④吊顶内的排烟管道：应采用不燃材料隔热，并应与可燃物保持150mm的距离。

⑤检查数量：各系统按不小于30%检查。

⑥检查方法：核对材料，尺量检查、直观检查。

（4）系统严密性试验。风管（道）系统安装完毕后，应按系统类别进行严密性检验，以主干管道为主。

检查数量：按系统不小于30%检查，且不应少于1个系统。

检查方法：系统的严密性检验测试按现行国家标准《通风与空调工程施工质量验收规范》的有关规定进行。

2. 部件的安装。

（1）排烟防火阀。

①型号、规格及安装的方向、位置应符合设计要求。

②阀门应顺气流方向关闭，防火分区隔墙两侧的排烟防火阀距墙端面不应大于200mm。

③手动和电动装置应灵活、可靠，阀门关闭严密。

④应设独立的支架、吊架，当风管采用不燃材料防火隔热时，阀门安装处应有明显标识。

⑤检查数量：各系统按不小于30%检查。

⑥检查方法：尺量检查、直观检查及动作检查。

（2）送风口、排烟阀或排烟口。

①送风口、排烟阀或排烟口的安装位置应符合标准和设计要求，并应固定牢靠，表面平整、不变形，调节灵活。

②排烟口距可燃物或可燃构件的距离不应小于1.5m。

③检查数量：各系统按不小于30%检查。

④检查方法：尺量检查、直观检查。

（3）常闭送风口、排烟阀或排烟口的手动驱动装置。

①常闭送风口、排烟阀或排烟口的手动驱动装置应固定安装在明显可见、距楼地面1.3～1.5m之间便于操作的位置，预埋套管不得有死弯及瘪陷，手动驱动装置操作应灵活。

②检查数量：各系统按不小于30%检查。

③检查方法：尺量检查、直观检查及操作检查。

（4）挡烟垂壁。

①挡烟垂壁的型号、规格、下垂的长度和安装位置应符合设计要求。

②活动挡烟垂壁与建筑结构（柱或墙）面的缝隙不应大于60mm，由两块或两块以上的挡烟垂帘组成的连续性挡烟垂壁，各块之间不应有缝隙，搭接宽度不应小于100mm。

③活动挡烟垂壁的手动操作按钮应固定安装在距楼地面1.3~1.5m之间便于操作、明显可见处。

④检查数量：全数检查。

⑤检查方法：依据设计图核对，尺量检查、动作检查。

（5）排烟窗。

①排烟窗的型号、规格和安装位置应符合设计要求。

②安装应牢固、可靠，符合有关门窗施工验收规范要求，并应开启、关闭灵活。

③手动开启机构或按钮应固定安装在距楼地面1.3~1.5m，便于操作、明显可见处。

④自动排烟窗驱动装置的安装应符合设计和产品技术文件要求，并应灵活、可靠。

⑤检查数量：全数检查。

⑥检查方法：依据设计图核对，操作检查、动作检查。

3. 风机的安装。

（1）风机的型号、规格应符合设计规定，其出口方向应正确。

（2）排烟风机的出风口与加压送风机的进风口不应设在同一层面上。当必须设在同一层面时，加压送风机的进风口与排烟风机的出风口应分开布置。竖向布置时，加压送风机的进风口应设置在排烟风机出风口的下方，其两者边缘最小垂直距离不应小于6m；水平布置时，两者边缘最小水平距离不应小于20m。

（3）风机外壳至墙壁或其他设备的距离不应小于600mm。

（4）风机应设在混凝土或钢架基础上，且不应设置减振装置；若排烟系统与通风空调系统共用且需要设置减振装置时，不应使用橡胶减振装置。

（5）吊装风机的支架、吊架应焊接牢固、安装可靠，其结构形式和外形尺寸应符合设计或设备技术文件要求。

（6）风机驱动装置的外露部位应装设防护罩；直通大气的进、出风口应装设防护网或采取其他安全设施，并应设防雨措施。

（7）检查数量：全数检查。

（8）检查方法：依据设计图核对，直观检查。

第二节　防烟排烟系统调试

一、防烟排烟系统调试的一般规定

在防烟排烟系统调试前，施工单位应编制调试方案，报送专业监理工程师审核批准；调试结束后，必须提供完整的调试资料和报告。

防烟排烟系统的调试应在系统施工完成及与工程有关的火灾自动报警系统及联动控制设备调试合格后进行。系统调试所使用的测试仪器和仪表，性能应稳定可靠，其精度等级及最小分度值必须满足测定的要求，并应符合国家有关计量法规及检定规程的规定。系统调试应由施工单位负责，监理单位监督，设计单位与建设单位参与和配合。

系统调试应包括设备单机调试和系统联动调试，由施工单位的质量检查员按表7-8填写系统调试检查记录表，监理工程师进行检查，并作出检查结论。

表7-8 防烟排烟系统调试检查记录表

工程名称				
施工单位			监理单位	
施工执行标准名称及编号				
	项目	《建筑防烟排烟系统技术标准》章节条款	施工单位检查记录	监理单位检查记录
单机调试	排烟防火阀调试	7.2.1		
	常闭送风口、排烟阀或排烟口调试	7.2.2		
	活动挡烟垂壁调试	7.2.3		
	自动排烟窗调试	7.2.4		
	送风机、排烟风机调试	7.2.5		
	机械加压送风系统调试	7.2.6		
	机械排烟系统调试	7.2.7		
系统联动调试	机械加压送风联动调试	7.3.1		
	机械排烟联动调试	7.3.2		
	自动排烟窗联动调试	7.3.3		
	活动挡烟垂壁联动调试	7.3.4		
调试人员：（签字）				
施工单位项目负责人：（签章） 　　　　　　年　月　日			监理工程师：（签章） 　　　　年　月　日	
注：施工过程若用到其他表格，则应作为附件一并归档				

系统调试完成后，施工单位应向建设单位提交质量控制资料和各类施工过程质量检查记录表。防烟排烟系统工程质量控制资料检查记录应由监理工程师（建设单位项目负责人）组织施工单位项目负责人进行验收，并按表7-9填写。

表 7 - 9　防烟排烟系统工程质量控制资料检查记录表

工程名称		施工单位		
分部工程名称	资料名称	数量	核查意见	检查人
防烟、 排烟系统	1. 施工图、设计说明、设计变更通知书和设计审核意见书、竣工图			
	2. 施工过程检验、测试记录			
	3. 系统调试记录			
	4. 主要设备、部件的国家质量监督检验测试中心的检测报告和产品出厂合格证及相关资料			
结论	施工单位项目负责人： （签章） 　　　年　月　日	监理工程师： （签章） 　　年　月　日	建设单位项目负责人： （签章） 　　　年　月　日	

二、防烟排烟系统单机调试

1. 排烟防火阀的调试方法及要求。

（1）进行手动关闭、复位试验，阀门动作应灵敏、可靠，关闭应严密。

（2）模拟火灾，相应区域火灾报警后，同一防火分区内排烟管道上的其他阀门应联动关闭。

（3）阀门关闭后的状态信号应能反馈到消防控制室。

（4）阀门关闭后应能联动相应的风机停止。

（5）调试数量：全数调试。

2. 常闭送风口、排烟阀或排烟口的调试方法及要求。

（1）进行手动开启、复位试验，阀门动作应灵敏、可靠，远距离控制机构的脱扣钢丝连接不应松弛、脱落。

（2）模拟火灾，相应区域火灾报警后，同一防火分区的常闭送风口和同一防烟分区内的排烟阀或排烟口应联动开启。

（3）阀门开启后的状态信号应能反馈到消防控制室。

（4）阀门开启后应能联动相应的风机启动。

（5）调试数量：全数调试。

3. 活动挡烟垂壁的调试方法及要求。

（1）手动操作挡烟垂壁按钮进行开启、复位试验，挡烟垂壁应灵敏、可靠地启动与到位后停止，下降高度应符合设计要求。

（2）模拟火灾，相应区域火灾报警后，同一防烟分区内挡烟垂壁应在60s内联动下降到设计高度。

（3）挡烟垂壁下降到设计高度后应能将状态信号反馈到消防控制室。

（4）调试数量：全数调试。

4．自动排烟窗的调试方法及要求。

（1）手动操作排烟窗开关进行开启、关闭试验，排烟窗动作应灵敏、可靠。

（2）模拟火灾，相应区域火灾报警后，同一防烟分区内排烟窗应能联动开启，并且应在 60s 内或小于烟气充满储烟仓时间内开启完毕。

（3）与消防控制室联动的排烟窗完全开启后，状态信号应反馈到消防控制室。

（4）调试数量：全数调试。

5．送风机、排烟风机的调试方法及要求。

（1）手动开启风机，风机应正常运转 2h，叶轮旋转方向应正确、运转平稳、无异常振动与声响。

（2）应核对风机的铭牌值，并应测定风机的风量、风压、电流和电压，其结果应与设计相符。

（3）应能在消防控制室手动控制风机的启动、停止，风机的启动、停止状态信号应能反馈到消防控制室。

（4）当风机进、出风管上安装单向风阀或电动风阀时，风阀的开启与关闭应与风机的启动和停止同步。

（5）调试数量：全数调试。

6．机械加压送风系统风速及余压的调试方法及要求。

（1）应选取送风系统末端所对应的送风最不利的三个连续楼层模拟起火层及其上下层，封闭避难层（间）仅需选取本层，调试送风系统使上述楼层的楼梯间、前室及封闭避难层（间）的风压值及疏散门的门洞断面风速值与设计值的偏差不大于10%。

（2）对楼梯间和前室的调试应单独分别进行，且互不影响。

（3）调试楼梯间和前室疏散门的门洞断面风速时，设计疏散门开启的楼层数量应满足：对于楼梯间，采用常开风口，当地上楼梯为 24m 以下时，设计 2 层内的疏散门开启；当地上楼梯为 24m 及以上时，设计 3 层内的疏散门开启；当为地下楼梯间时，设计 1 层内的疏散门开启。对于前室，采用常闭封口，设计 3 层内的疏散门开启。

（4）调试数量：全数调试。

7．机械排烟系统风速和风量的调试方法及要求。

（1）应根据设计模式，开启排烟风机和相应的排烟阀或排烟口，通过调试排烟系统使排烟阀或排烟口处的风速值及排烟量值达到设计要求。

（2）开启排烟系统的同时，还应开启补风机和相应的补风口，通过调试补风系统使补风口处的风速值及补风量值达到设计要求。

（3）应测试每个风口风速，并核算每个风口的风量及其防烟分区总风量。

（4）调试数量：全数调试。

三、防烟排烟系统联动调试

1. 机械加压送风系统的联动调试方法及要求。

（1）当任何一个常闭送风口开启时，相应的送风机均应能联动启动。

（2）与火灾自动报警系统联动调试时，当火灾自动报警探测器发出火警信号后，应在15s内启动与设计要求一致的送风口、送风机，且其联动启动方式应符合现行国家标准《火灾自动报警系统设计规范》的规定，其状态信号应能反馈到消防控制室。

2. 机械排烟系统的联动调试方法及要求。

（1）当任何一个常闭排烟阀（口）开启时，排烟风机均应能联动启动。

（2）应与火灾自动报警系统联动调试。当火灾自动报警系统发出火警信号后，机械排烟系统应启动有关部位的排烟阀（口）、排烟风机；启动的排烟阀（口）、排烟风机应与设计和标准要求一致，其状态信号应反馈到消防控制室。

（3）有补风要求的机械排烟场所，当火灾确认后，补风系统应启动。

（4）排烟系统与通风、空调系统合用时，当火灾自动报警系统发出火警信号后，其应在30s内自动关闭与排烟无关的通风、空调系统。

（5）调试数量：全数调试。

3. 自动排烟窗的联动调试方法及要求。

（1）自动排烟窗应在火灾自动报警系统发出火警信号后联动开启到符合要求的位置。

（2）动作状态信号应反馈到消防控制室。

（3）调试数量：全数调试。

4. 活动挡烟垂壁的联动调试方法及要求。

（1）活动挡烟垂壁应在火灾报警后联动下降到设计高度。

（2）动作状态信号应反馈到消防控制室。

（3）调试数量：全数调试。

复习思考题

一、单项选择题

1. 防烟排烟系统施工安装前，对风管部件进行现场检验时，下列项目中不属于现场检查项目的是（　　）。

A. 电动防火阀　　　　　　　　B. 送风口

C. 正压送风机　　　　　　　　D. 柔性短管

2. 某建筑的排烟系统采用活动式挡烟垂壁，按现行国家标准和系统使用功能以及质量要求进行施工，下列工作中不属于挡烟垂壁安装工作的是（　　）。

A. 挡烟垂壁与建筑主体结构安装固定　　B. 挡烟垂壁与建筑主体之间的缝隙控制

C. 挡烟垂壁之间的缝隙衔接控制　　　　D. 模拟火灾时挡烟垂壁动作功能

二、多项选择题

消防工程施工单位对安装在某大厦地下车库的机械排烟系统进行系统联动调试。下列调试方法和结果中符合现行国家标准《建筑防烟排烟系统技术标准》的有（　　　）。

A. 手动开启任一常闭排烟口，相应的排烟风机联动启动

B. 模拟火灾报警后 12s 相应的排烟口、排烟风机联动启动

C. 补风机启动后在补风口处测得的风速为 8m/s

D. 模拟火灾报警后 20s 相应的补风机联动启动

E. 排烟风机启动后在排烟口处测得的风速为 12m/s

三、简答题

1. 防烟排烟系统组件安装前的现场检查内容和要求是什么？

2. 防烟排烟系统的阀门和组件的安装要求有哪些？

3. 防烟排烟系统工程的调试包括哪些内容？

实训五　防烟排烟系统的单机调试

一、实训目的

通过实训，掌握防烟排烟系统单机调试的方法和要求。

二、实训内容

防烟排烟系统组件的调试要求如表 7 - 10 所示。

表 7 - 10　防烟排烟系统组件的调式

组件	动作
送风机、排烟风机	（1）手动开启风机，风机应正常运转 2h，叶轮旋转方向应正确、运转平稳、无异常振动与声响 （2）核对铭牌值，测定风量、风压、电流和电压 （3）应能在消防控制室手动控制风机的启动和停止，状态信号应能反馈到消防控制室 （4）当风机进、出风管上安装单向风阀或电动风阀时，风阀的开启与关闭应与风机的启动和停止同步
排烟防火阀	（1）进行手动关闭、复位试验，阀门动作应灵敏、可靠，关闭应严密 （2）模拟火灾，相应区域火灾报警后，同一防火分区内排烟管道上的其他阀门应联动关闭 （3）阀门关闭后的状态信号应能反馈到消防控制室 （4）阀门关闭后应能联动相应的风机停止

（续表）

组件	动作
常闭送风口和排烟阀（口）	（1）进行手动开启、复位试验，阀门动作应灵敏、可靠，远距离控制机构的脱扣钢丝连接不应松弛、脱落 （2）模拟火灾，相应区域火灾报警后，同一防火分区的常闭送风口和同一防烟分区内的排烟阀（口）应联动开启 （3）阀门开启后的状态信号应能反馈到消防控制室 （4）阀门开启后应能联动相应的风机开启
活动挡烟垂壁	（1）手动操作挡烟垂壁按钮进行开启、复位试验，挡烟垂壁应灵敏、可靠地启动与到位后停止，下降高度应符合设计要求 （2）模拟火灾，相应区域火灾报警后，同一防烟分区内垂壁应在60s内联动下降至设计高度 （3）烟垂壁下降到设计高度后应能将状态信号反馈到消防控制室
自动排烟窗	（1）手动操作排烟窗开关进行开启、关闭试验，排烟窗动作应灵敏、可靠 （2）模拟火灾，相应区域火灾报警后，同一防烟分区内排烟窗应能联动开启，并且应在60s内或小于烟气充满储烟仓时间内开启完毕 （3）与消防控制室联动的排烟窗完全开启后，状态信号应反馈到消防控制室

三、实训条件

在设有防烟排烟系统和火灾自动报警系统的实训室进行防烟排烟系统的单机调试。

四、方法与步骤

1. 学生分组，建议5人一组，要求分工明确，选1名组长，负责协调、组织工作。
2. 布置任务，要求学生清楚了解实践教学中所需达到的学习效果，明确实训目的、实训方法和步骤。
3. 学生以组为单位，分别练习送风机、排烟风机、排烟防火阀、常闭送风口和排烟阀（口）、活动挡烟垂壁和自动排烟窗的单机调试。
4. 学生操作时，教师应在旁边进行观察、指导。
5. 布置作业：完成防烟排烟系统调试检查记录表。

五、实训要求

1. 实训前，指导教师应根据学生实际情况，认真备课，制作完善、周密的实训方案。
2. 要求全体学生参加实训活动，在实训过程中做好记录，实训结束后进行个人评价，并完成作业。
3. 指导教师要对实训过程中表现好的方面给予肯定，对存在的不足，应给出相应的解决方法，并对每个学生的实训过程进行评价。

六、注意事项

1. 实训过程中应注意安全。
2. 要爱护实训室的设备。

实训六　防烟排烟系统的联动调试

一、实训目的

通过实训，掌握防烟排烟系统联动调试的方法和要求。

二、实训内容

防烟排烟系统联动调试要求如表 7 – 11 所示。

表 7 – 11　防烟排烟系统联动调试要求

系统	要求
机械加压送风系统	（1）当任何一个常闭送风口开启时，相应的送风机均应能联动启动 （2）与火灾自动报警系统联动调试时，当火灾自动报警探测器发出火警信号后，应在 15s 内启动与设计要求一致的送风口、送风机，其状态信号应能反馈到消防控制室
机械排烟系统	（1）当任何一个常闭排烟阀（口）开启时，排烟风机均应能联动启动 （2）当火灾自动报警系统发出火警信号后，机械排烟系统应启动有关部位的排烟阀（口）、排烟风机，其状态信号应反馈到消防控制室 （3）有补风要求的机械排烟场所，当火灾确认后，补风系统应启动 （4）排烟系统与通风、空调系统合用时，当火灾自动报警系统发出火警信号后，应在 30s 内自动关闭与排烟无关的通风、空调系统

三、实训条件

在设有防烟排烟系统和火灾自动报警系统的实训室进行防烟排烟系统的联动调试。

四、方法与步骤

1. 学生分组，建议 5 人一组，要求分工明确，选 1 名组长，负责协调、组织工作。
2. 布置任务，要求学生清楚了解实践教学中所需达到的学习效果，明确实训目的、实训方法和步骤。
3. 学生以组为单位，分别练习机械加压送风系统和机械排烟系统的联动调试。
4. 学生操作时，教师应在旁边进行观察、指导。
5. 布置作业：完成防烟排烟系统调试检查记录表。

五、实训要求

1. 实训前，指导教师应根据学生实际情况，认真备课，制作完善、周密的实训方案。

2. 要求全体学生参加实训活动，在实训过程中做好记录，实训结束后进行个人评价，并完成作业。

3. 指导教师要对实训过程中表现好的方面给予肯定，对存在的不足，应给出相应的解决方法，并对每个学生的实训过程进行评价。

六、注意事项

1. 实训过程中应注意安全。

2. 要爱护实训室的设备。

第八章 防烟排烟系统验收与维护管理

防烟排烟系统的验收与维护管理应执行国家标准《建筑防烟排烟系统技术标准》《通风与空调工程施工规范》《通风与空调工程施工质量验收规范》，还应符合其他相关的现行国家标准规范的规定。

本章学习目标

1. 熟练掌握防烟排烟系统验收的方法和要求。
2. 熟练掌握防烟排烟系统维护管理的方法和要求。

第一节 防烟排烟系统验收

防烟排烟系统竣工验收是对系统设计和施工质量的全面检查，主要是针对系统设计内容检查和必要的性能测试。

一、防烟排烟系统工程验收的一般规定

防烟排烟系统施工调试完成后，应由建设单位负责，并组织设计、施工、监理等单位共同进行竣工验收。验收不合格的，不得投入使用。

防烟排烟系统工程及隐蔽工程验收记录表，应由建设单位填写，综合验收结论由参加验收的各方共同商定并签章（如表8-1和表8-2所示）。

表8-1 防烟排烟系统工程验收记录表

工程名称		分部工程名单	
施工单位		项目经理	
监理单位		总监理工程师	
序号	检查项目名称	《建筑防烟排烟系统技术标准》章节条款	验收评定结果
1	施工资料	8.1.4	
2	综合观感等质量	8.2.1	
3	设备手动功能	8.2.2	
4	设备联动功能	8.2.3	

（续表）

5	自然通风、自然排烟设施性能	8.2.4	
6	机械防烟系统性能	8.2.5	
7	机械排烟系统性能	8.2.6	
综合验收结论			

验收单位	施工单位：	项目经理： 年　月　日
	监理单位：	总监理工程师： 年　月　日
	设计单位：	项目负责人： 年　月　日
	建设单位：	建设单位项目负责人： 年　月　日

注：分部工程质量验收由建设单位项目负责人组织施工单位项目经理、总监理工程师和设计单位项目负责人等进行。

表 8－2　防烟排烟系统隐蔽工程验收记录表

工程名称			
施工单位		监理单位	
施工执行标准名称及编号		隐蔽部位	
验收项目	《建筑防烟排烟系统技术标准》章节条款		验收结果
封闭井道、吊顶内风管安装质量	第6.3.4条第1款		
	第6.3.4条第2款		
	第6.3.4条第3款		
	第6.3.4条第7款		
风管穿越隔墙、楼板	第6.3.4条第6款		
施工过程检查记录			
验收结论			

验收单位	施工单位	监理单位	建设单位
	（公章）	（公章）	（公章）
	项目负责人： （公章）	项目负责人： （公章）	项目负责人： （公章）

防烟排烟系统工程竣工验收时，施工单位应提供下列资料：

（1）竣工验收申请报告；

（2）施工图、设计说明书、设计变更通知书和设计审核意见书、竣工图；

（3）工程质量事故处理报告；

（4）防烟排烟系统施工过程质量检查记录；

（5）防烟排烟系统工程质量控制资料检查记录。

二、防烟排烟系统工程验收的方法及要求

防烟排烟系统竣工后，应进行验收，包括观感质量验收和功能、性能的验收。

1. 防烟排烟系统观感质量综合验收方法及要求。各防烟排烟系统按30%抽查，通过尺量、观察等方法，观感质量应满足以下要求：

（1）风管表面应平整、无损坏；接管合理，风管的连接以及风管与风机的连接应无明显缺陷。

（2）风口表面应平整、颜色一致，安装位置正确，风口可调节部件应能正常动作。

（3）各类调节装置安装应正确牢固、调节灵活、操作方便。

（4）风管、部件及管道的支架、吊架形式及位置、间距应符合要求。

（5）风机的安装应正确牢固。

2. 防烟排烟系统设备功能验收。

（1）按30%抽查各防烟排烟系统设备，通过手动方式检查其手动功能，检查包括下列项目：

①送风机、排烟风机应能正常手动启动和停止，状态信号应在消防控制室显示。

②送风口、排烟阀（口）应能正常手动开启和复位，阀门关闭严密，动作信号应在消防控制室显示。

③活动挡烟垂壁、自动排烟窗应能正常手动开启和复位，动作信号应在消防控制室显示。

（2）设备联动功能验收，应包含所有设备，主要包括下列项目：

①火灾报警后，根据设计模式，相应系统的送风机开启、送风口开启、排烟风机开启、排烟阀（口）开启、补风机启动。

②火灾自动报警系统应在15s内联动相应防烟分区的全部活动挡烟壁，60s内挡烟垂壁应开启到位。

③当采用与火灾自动报警系统自动启动时，自动排烟窗应在60s内或小于烟气充满储烟仓时间内开启完毕。

④各部件、设备动作状态信号均应在消防控制室显示。

3. 防烟排烟系统主要性能参数验收。

（1）自然通风及自然排烟设施的主要性能参数验收。各自然通风及自然排烟系统按30%检查验收，通过尺量的方式来检查可开启的外窗面积，检查应包括下列项目并达到设计要求：

①封闭楼梯间、防烟楼梯间、前室及消防电梯前室可开启外窗的布置方式和面积。

②避难层（间）可开启外窗或百叶窗的布置方式和面积。

③设置自然排烟场所的可开启外窗、排烟窗、可熔性采光带（窗）的布置方式和面积。

（2）机械防烟系统的主要性能参数验收。所有的机械防烟系统的主要性能参数都应检查验收，检查应包括下列项目：

①选取送风系统末端所对应的送风最不利的三个连续楼层模拟起火层及其上下层，封闭避难层（间）仅需选取本层，测试前室及封闭避难层（间）的风压值及疏散门的门洞断面风速值，应符合规范规定，且偏差不大于设计值的10%。

②对楼梯间和前室的测试应单独分别进行，且互不影响。

③测试楼梯间和前室疏散门的门洞断面风速时，应同时开启三个楼层的疏散门。

（3）机械排烟系统的主要性能参数验收。所有的机械排烟系统的主要性能参数都应检查验收，检查应包括下列项目：

①开启任一防烟分区的全部排烟口，风机启动后测试排烟口处的风速，风速、风量应符合设计要求且偏差不大于设计值的10%。

②设有补风系统的场所，应测试补风口风速，风速、风量应符合设计要求且偏差不大于设计值的10%。

三、防烟排烟系统工程质量验收判定条件

防烟排烟系统工程质量验收判定条件应符合下列规定：

1. 系统的设备、部件型号规格与设计不符，无出厂质量合格证明文件及符合国家市场准入制度规定的文件，系统验收不符合防烟排烟系统设备功能验收和防烟排烟系统主要性能参数验收中的任一条功能及主要性能参数要求的，定为 A 类不合格。

2. 防烟排烟系统工程竣工验收时，施工单位应提供的资料缺少任一件的定为 B 类不合格。

3. 不符合防烟排烟系统观感质量综合验收要求中任一条的定为 C 类不合格。

4. 系统验收合格判定应为：A = 0 且 B≤2，B + C≤6 为合格，否则为不合格。

第二节 防烟排烟系统维护管理

防烟排烟系统的维护管理是系统正常完好、有效使用的基本保障。消防设施的维护管理由建筑物的产权单位或者受其委托的建筑物业管理单位依法自行管理或者委托具有相应资质的消防技术服务机构实施管理。消防设施维护管理包括值班、巡查、检测、维修、保养、建档等工作。

一、防烟排烟系统维护管理的一般要求

建筑防烟排烟系统应制定维护保养管理制度及操作规程，并应保证系统处于准工作状态。

消防设施维护管理人员应经过专业消防培训，应熟悉防烟排烟系统的原理、性能和

操作维护规程。

消防设施因故障维修等原因需暂时停用的，经单位消防安全责任人批准，报消防机构备案，采取消防安全措施后，方可停用检修。

二、防烟排烟系统日常巡查

防烟排烟系统巡查是指系统使用过程中对系统直观属性的检查，主要是针对系统组件外观、现场状态、系统检测装置准工作状态、安装部位环境条件等的日常巡查。

（1）防烟排烟系统能否正常使用与系统各组件、配件在日常监控时的现场状态密切相关，机械防烟排烟系统应始终保持正常运行，不得随意断电或中断。

（2）正常工作状态下，正压送风机、排烟风机、通风空调风机电控柜等受控设备应处于自动控制状态，严禁将受控的正压送风机、排烟风机、通风空调风机等电控柜设置在手动位置。

（3）消防控制室应能显示系统的手动、自动工作状态及系统内的防烟排烟风机、防火阀、排烟防火阀的动作状态。应能控制系统的启、停及系统内的防烟风机、排烟风机、防火阀、排烟防火阀、常闭送风口、排烟口，以及电控挡烟垂壁的开、关，并显示其反馈信号。应能停止相关部位正常通风的空调，并接收和显示通风系统内防火阀的反馈信号。

三、防烟排烟系统周期性检查

防烟排烟系统周期性检查是指建筑使用、管理单位按照国家工程消防技术标准的要求，对已经投入使用的防烟排烟系统的组件、零部件等按照规定检查周期进行的检查、测试。

1. 每周检查内容及要求。

（1）风管（道）及风口等部件。目测巡检完好状况，有无异物变形。

（2）室外进风口、排烟口。巡检进风口、出风口是否通畅。

（3）系统电源。巡查电源状态、电压。

2. 每季度检查内容及要求。

（1）防烟排烟风机。手动或自动启动试运转，检查有无锈蚀、螺丝松动。

（2）挡烟垂壁。手动或自动启动、复位试验，有无升降障碍。

（3）排烟窗。手动或自动启动、复位试验，有无开关障碍。

（4）供电线路。检查供电线路有无老化，双回路自动切换电源功能等。

3. 每半年检查内容及要求。

（1）排烟防火阀。手动或自动启动、复位试验检查，有无变形、锈蚀及弹簧性能，确认性能可靠。

（2）送风阀或送风口。手动或自动启动、复位试验检查，有无变形、锈蚀及弹簧性能，确认性能可靠。

（3）排烟阀或排烟口。手动或自动启动、复位试验检查，有无变形、锈蚀及弹簧性能，确认性能可靠。

4. 每年检查内容及要求。

（1）检查内容及要求。每年对所安装全部防烟排烟系统进行一次联动试验和性能检测，其联动功能和性能参数应符合原设计要求。

（2）检查方法。按照第七章第二节"三、防烟排烟系统联动调试"的相关要求进行。

四、防烟排烟系统故障分析

防烟排烟系统的故障分析如表 8-3 所示。

表 8-3　防烟排烟系统的故障分析

组件	故障	故障分析
风口	风速过低	（1）风机选型不当 （2）风道泄漏 （3）风道阻力过大 （4）风口尺寸偏大
	风量过小	（1）风机选型不当 （2）风道泄漏 （3）风道阻力过大
排烟阀	打不开	（1）设备故障，即排烟阀或控制器故障 （2）控制器与排烟阀之间的线路故障
风机	不启动	（1）设备故障，即风机或控制器故障 （2）电源故障 （3）控制回路的线路或控制按钮、控制模块故障 （4）风机控制柜处于手动状态

发现防烟排烟系统存在问题和故障，检查人员有责任进行故障报告，并填写建筑消防设施故障处理登记表（如表 8-4 所示），其他人员有义务向消防设施的主管部门或主管人员进行报告。

表 8-4　建筑消防设施故障处理登记表

检查时间	检查人（签名）	检查发现问题或故障	问题或故障处理结果	消防安全主管人员（签名）

存在的问题和故障，当场有条件解决的应立即解决；当场没有条件解决的，应在 24 小时内解决；若需要由供应商或者厂家解决的，应在 5 个工作日内处理、解决，恢

复正常状态。对于当天无法处理、解决的故障，需要系统暂停工作的，应当经单位消防安全责任人批准，报消防机构备案，采取消防安全措施后，方可停用检修。故障排除后，应由主管人员签字认可，故障处理登记表存档备查。

复习思考题

一、单项选择题

1. 建筑防烟排烟系统运行周期性维护管理中，下列检查项目中不属于每半年检查项目的是（　　　）。

A. 防火阀   B. 排烟口（阀）

C. 联动功能   D. 送风口（阀）

2. 消防技术服务机构对某医院设置的机械防烟系统进行维护保养的做法中，符合现行国家标准《建筑防烟排烟系统技术标准》的是（　　　）。

A. 每年对全部送风口进行一次自动启动试验

B. 每年对机械防烟系统进行一次联动试验

C. 每半年对全部正压送风机进行一次功能检测启动试验

D. 每半年对正压送风机的供电线路进行一次检查

3. 对某大型超市设置的机械排烟系统进行验收，其中两个防烟分区的验收测试结果中，符合现行国家标准《建筑防烟排烟系统技术标准》的是（　　　）。

A. 开启防烟分区一的全部排烟口，排烟风机启动后测试排烟口处的风速为 13m/s

B. 开启防烟分区一的全部排烟口，补风机启动后测试补风口处的风速为 9m/s

C. 开启防烟分区二的全部排烟口，排烟风机启动后测试排烟口处的风速为 8m/s

D. 开启防烟分区二的全部排烟口，补风机启动后测试补风口处的风速为 7m/s

二、多项选择题

消防设施检测机构对某建筑的机械排烟系统进行检测时，打开排烟阀，消防控制室接到风机启动的反馈信号，经过现场测量，排烟口入口处排烟风速过低，排烟口风速过低的可能原因有（　　　）。

A. 风机反转   B. 风道阻力过大

C. 风口尺寸偏小   D. 风机位置不当

E. 风道漏风量过大

三、简答题

1. 防烟排烟系统的验收内容和要求是什么？

2. 防烟排烟系统的日常维护方式有哪些？它们分别有什么要求？

实训七　防烟排烟系统的维护管理

一、实训目的

通过实训，掌握防烟排烟系统维护管理的周期与检查的内容和方法。

二、实训内容

防烟排烟系统的维护管理工作检查项目如表 8 – 5 所示。

表 8 – 5　防烟排烟系统维护管理工作检查项目

周期	部位	工作内容
每周	风管（道）及风口等部件	目测巡检完好状况，有无异物变形
	室外进风口、排烟口	巡检进风口、出风口是否通畅
	系统电源	巡查电源状态、电压
每季度	防烟排烟风机	手动或自动启动试运转，检查有无锈蚀、螺丝松动
	挡烟垂壁	手动或自动启动、复位试验，有无升降障碍
	排烟窗	手动或自动启动、复位试验，有无开关障碍
	供电线路	检查供电线路有无老化，双回路自动切换电源功能等
每半年	排烟防火阀	手动或自动启动、复位试验检查，有无变形、锈蚀及弹簧性能，确认性能可靠
	送风阀或送风口	手动或自动启动、复位试验检查，有无变形、锈蚀及弹簧性能，确认性能可靠
	排烟阀或排烟口	手动或自动启动、复位试验检查，有无变形、锈蚀及弹簧性能，确认性能可靠
每年	系统联动试验	检验系统的联动功能及主要技术性能参数

三、实训条件

在设有防烟排烟系统和火灾自动报警系统的实训室进行防烟排烟系统的维护管理。

四、方法与步骤

1. 学生分组，建议 5 人一组，要求分工明确，选 1 名组长，负责协调、组织工作。

2. 布置任务，要求学生清楚了解实践教学中所需达到的学习效果，应明确实训目的、实训方法和步骤。

3. 学生以组为单位，分别练习每周、每季度、每半年和每年应该检查的内容。

4. 学生操作时，教师应在旁边进行观察、指导。

5. 布置作业：完成防烟排烟系统维护管理记录表。

五、实训要求

1. 实训前，指导教师应根据学生实际情况，认真备课，制作完善、周密的实训方案。

2. 要求全体学生参加实训活动，在实训过程中做好记录，实训结束后进行个人评价，并完成作业。

3. 指导教师要对实训过程中表现好的方面给予肯定，对存在的不足，应给出相应的解决方法，并对每个学生的实训过程进行评价。

六、注意事项

1. 实训过程中应注意安全。

2. 要爱护实训室的设备。

第九章 常用的防烟排烟系统消防检测仪器

在防烟排烟系统的调试检测、验收与维护管理中，常用的消防检测仪器有风速计、数字微压计、卷尺和测距仪。

本章学习目标

1. 掌握风速计、数字微压计、卷尺和测距仪的使用场所。
2. 熟练掌握风速计、数字微压计、卷尺和测距仪的使用方法。

第一节 风速计

风速计是测量空气流速的仪器。一般为旋桨式风速计，由一个三叶或四叶螺旋桨组成感应部分，将其安装在一个风向标的前端，使它随时对准风的来向。桨叶绕水平轴以正比于风速的转速旋转，如图 9 - 1 所示。

图 9 - 1 风速计及使用范例

一、应用范围

可用来测量防烟排烟系统中的送风口和排烟口的风速及风量，以核校其是否符合现行消防规范的有关规定。

二、使用方法（仅供参考，可查阅具体说明书）

风速、风温测量：

1. 打开电源开关。

2. 将风轮依顺风方向与风向垂直放置，使风轮依风速大小自由转动。

3. 读取液晶显示器上的风速及风温值。

4. 欲改变风速单位，按 UNIT 键，选取适当单位 m/s、ft/min、knots、km/h、MPH。

5. 欲改变温度单位，按 ℉/℃ 键即可选择。

6. 欲作最大值、最小值测量时，按 MAX/MIN 键选择即可。

7. 按 HOLD 键即可作资料保留。

三、注意事项

保护对象周围的空气流动速度不宜大于 3m/s。必要时，应采取挡风措施。

采用局部应用灭火系统的保护对象，应符合下列要求：

1. 保护对象周围的空气流动速度不应大于 2m/s。必要时，应采取挡风措施。

2. 加压送风口的风速不宜大于 7m/s。选取每个独立的送风系统或竖井取最有利点检查。

3. 排烟阀（口）处的风速不宜大于 10m/s。选取每个独立的系统取最有利点检查。

四、测量排烟风口风速的方法

1. 小截面风口（风口面积小于 0.3m² ），可采用 5 个测点，如图 9 - 2 所示。

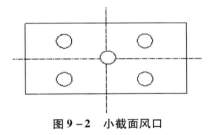

图 9 - 2 小截面风口

2. 当风口面积大于 0.3m² 时，对于矩形风口，如图 9 - 3 所示，按风口断面的大小划分成若干个面积相等的矩形，测点布置在每个小矩形的中心，小矩形每边的长度为 200mm 左右。

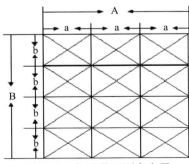

图 9 - 3 矩形风口测点布置

3. 对于条缝形风口，如图 9 - 4 所示，在高度方向上至少安排两个测点，沿其长度方向上可取 4~6 个测点；对于圆形风罩，如图 9 - 5 所示，至少取 5 个测点，测点间距≤200mm。

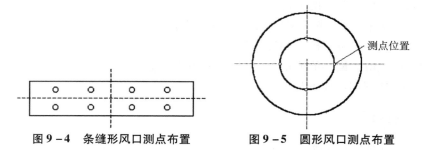

图9-4　条缝形风口测点布置　　　图9-5　圆形风口测点布置

4. 若风口气流偏斜时，可临时安装一截长度为0.5~1m，且断面尺寸与风口相同的短管进行测定。

第二节　数字微压计

数字微压计是用于测量高层建筑内机械加压送风部位余压值的一种仪器，如图9-6所示。例如，防烟楼梯间送风余压值不应小于50Pa，前室或合用前室送风余压值不应小于25Pa。

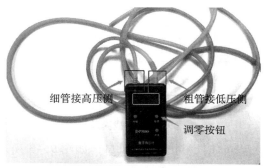

图9-6　数字微压计

一、应用范围

用于测量保护区域的顶层、中间层及最下层防烟楼梯间以及前室和合用前室与走道之间的余压值，以核校其是否符合现行消防规范的有关要求，如图9-7所示。

防烟楼梯间的余压值应为40~50Pa，前室、合用前室的余压值应为25~30Pa。

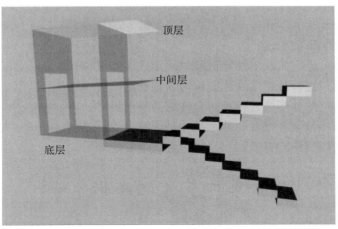

采用微压计,在保护区域的顶层、中间层及最下层,测量防烟楼梯间、前室、合用前室的余压。防烟楼梯间和前室、合用前室的余压分别满足40~50Pa和25~30Pa的余压要求。

图9-7 数字微压计使用范例

二、使用方法（仅供参考，可查阅具体说明书）

1. 打开电源开关,连接数字微压计的高压侧和低压侧软管,将高压侧软管的进风口和低压侧软管的进风口放置在一起,确保高压侧软管和低压侧软管进风口压力相同,按动调零按钮,使显示屏显示"0000"(传感器两端等压)。

2. 将低压侧软管进风口放置在疏散走道,高压侧软管放置在压力较高的防烟楼梯间及前室或合用前室内,观察微压计显示屏显示值,稳定后记录测量结果。

第三节 卷 尺

卷尺是日常生活中常用的工量具。大家经常看到的是钢卷尺,如图9-8所示,其是建筑和装修常用,也是家庭必备工具之一。卷尺分为纤维卷尺、皮尺、腰围尺等,鲁班尺、风水尺、文公尺同样属于钢卷尺。

图9-8 钢卷尺

卷尺适用于检查测量长度、高度等方面的指标，具体举例如下：

1. 测量手提式灭火器和推车式灭火器喷射软管的长度；
2. 测量消防水带的长度；
3. 对消防水枪进行抗跌落性能试验时确定跌落高度；
4. 对水带接口进行抗跌落性能试验时确定跌落高度；
5. 测量防火门的外形尺寸及其防火玻璃的外形尺寸；
6. 测量排烟口长度和宽度的外形尺寸是否符合设计要求；
7. 测量电动排烟窗的有效面积是否符合设计要求等。

第四节　测距仪

测距仪是测量距离的工具，从测距的基本原理不同可以分为激光测距仪、超声波测距仪和红外测距仪三类。激光测距仪是目前使用最为广泛的测距仪，是利用激光对目标距离进行准确测定的仪器。激光测距仪在工作时向目标射出一束很细的激光，由光电元件接收目标反射的激光束，根据计时器测定激光束从发射到接收的时间，计算出从观测者到目标的距离，如图9-9所示。

图9-9　激光测距仪

一、应用范围

测量距离、面积、空间体积。

二、使用方法（仅供参考，可查阅具体说明书）

1. 测量单个距离。将激活的激光瞄准目标区域，轻按"测量"键，设置测量距离，设备立即显示结果。

2. 测量面积。按"面积"键，显示面积符号；按"测量"键，测量第一个距离；按"测量"键，测量第二个距离；该设备在总计行显示结果，并在第二行显示下一个测量值分别测量的距离。

3. 测量空间体积。按"体积"键，显示体积符号；按"测量"键，测量第一个距离；按"测量"键，测量第二个距离；按"测量"键，测量第三个距离；该设备在总计行显示结果，并在第二行显示下一个测量值分别测量的距离。

复 习 思 考 题

1. 在防烟排烟系统的检测中，什么地方会用到风速计？怎么使用？
2. 在防烟排烟系统的检测中，什么地方会用到数字微压计？怎么使用？
3. 在防烟排烟系统的检测中，什么地方会用到卷尺？
4. 在防烟排烟系统的检测中，什么地方会用到测距仪？

参考文献

［1］GB 51251—2017《建筑防烟排烟系统技术标准》［S］.

［2］GB 50016—2014《建筑设计防火规范（2018 年版)》［S］.

［3］GB 50067—2014《汽车库、修车库、停车场设计防火规范》［S］.

［4］中国建筑标准设计研究院.《建筑防烟排烟系统技术标准》图示［M］. 北京：中国计划出版社，2018.

［5］杜红. 防排烟技术［M］. 北京：中国人民公安大学出版社，2014.

［6］张吉光，史自强，崔红社. 高层建筑和地下建筑通风与防排烟［M］. 北京：中国建筑工业出版社，2005.

［7］中国消防协会. 消防安全技术实务：2019 年版［M］. 北京：中国人事出版社，2019.

［8］中国消防协会. 消防安全技术综合能力：2019 年版［M］. 北京：中国人事出版社，2019.

［9］中国消防协会. 消防安全技术实务：2018 年版［M］. 北京：中国人事出版社，2018.

［10］罗静，王晓波. 全国消防工程师考试一书通关［M］. 北京：机械工业出版社，2019.

［11］兰彬，钱建民. 国内外防排烟技术研究的现状和研究方向［J］. 消防科学与技术，2001（3）：17 – 18.

附录一

示例一　办公场所的排烟设计计算

例：某企业办公大厦，其标准层由若干个办公区、走道、核心筒等组成，本示例仅为一个防火分区，建筑平面示意图见附图1。该防火分区的建筑面积为1623m²，内含2个大办公区和9个办公室。办公区1与办公区2的建筑面积分别为263.5m²和202.1m²；9个办公室的建筑面积均小于100m²。办公场所净高3m，走道宽度不大于2.5m，净高2.7m；办公场所与走道均设置排烟系统。分别计算办公场所以及走道的排烟量和自然排烟窗面积。

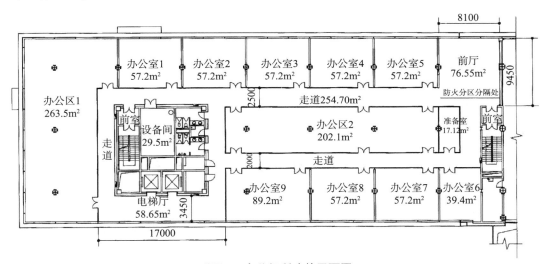

附图1　办公场所建筑平面图

1. 计算：

（1）根据现行国家标准《建筑设计防火规范（2018年版）》的相关规定，9个办公室均不需设排烟设施。

（2）2个办公区的计算排烟量 V_1、V_2 根据国家现行标准《建筑防烟排烟系统技术标准》第4.6.3条第1款的规定，房间排烟量应按60m³/（h·m²）计算，且取值不小于15000m³/h，则2个办公区的计算排烟量为：

$$V_1 = 263.5 \times 60 = 15810\text{m}^3/\text{h （取 15810 m}^3/\text{h）}$$

$$V_2 = 202.1 \times 60 = 12126 \text{ m}^3/\text{h （取 15000m}^3/\text{h）}$$

（3）由于办公场所与走道均设置排烟系统，且走道、电梯厅和前厅是一个连通的空间，其计算排烟量 V_3 为：

$$V_3 = （58.65 + 254.7 + 76.55）\times 60 = 23394\text{m}^3/\text{h}$$

即计算排烟量取 $V_3 = 23394\text{m}^3/\text{h}$。

（4）若办公区1、走道、电梯厅和前厅采用自然排烟方式，则所需自然排烟窗（口）的有效面积分别为：

办公区1：

$$F_{c1} = 263.5 \times 2\% = 5.27\text{m}^2$$

走道、电梯厅和前厅：

$$F_{c2} = （58.65 + 254.7 + 76.55）\times 2\% = 7.8\text{m}^2$$

从附图1中可见，办公区2为内房间，不具备自然排烟条件。

2. 设计要点：

（1）当采用自然排烟方式时，防烟分区内的自然排烟窗（口）的面积、数量、位置应按国家现行标准《建筑防烟排烟系统技术标准》第4.6.3条的规定经计算确定，且防烟分区内任一点与最近的自然排烟窗（口）之间的水平距离不应大于30m。

（2）当采用机械排烟系统，且由一个系统担负多个防烟分区时，则：

$$V_1 + V_3 = 15810 + 23394 = 39204\text{m}^3/\text{h}$$

$$V_2 + V_3 = 15000 + 23394 = 38394\text{m}^3/\text{h}$$

$$\because V_1 + V_3 > V_2 + V_3$$

$$\therefore \text{系统计算排烟量 } V = 39204\text{m}^3/\text{h}$$

排烟风机风量 V_j：

$$V_j = 1.2 \times 39204 = 47045\text{m}^3/\text{h}$$

示例二　中庭的排烟设计计算

例：某一高层建筑，其与裙房之间设有防火分隔设施，且裙房一防火分区跨越楼层，最大建筑面积小于5000m²，裙楼设有自动喷水灭火系统。此防火分区分为9个防烟分区，各防烟分区面积见附图。一层层高7m，净高控制在5.5m；二层层高6m，净高控制在4.5m；中庭建筑高度18m。计算各防烟分区以及中庭的排烟量。

计算：

（1）计算一层大堂、全日餐厅、大堂吧、日本料理、龙虾排吧特色餐厅以及走道的排烟量：

由于一层净高控制在5.5m，所以根据现行国家标准《建筑防烟排烟系统技术标准》第4.6.3条第2款的规定，室内空间净高小于或等于6m的场所，其排烟量应按60m³/（h·m²）计算，且取值不小于15000m³/h，则一层大堂、全日餐厅、大堂吧、日本料理、龙虾排吧特色餐厅的排烟量计算如下：

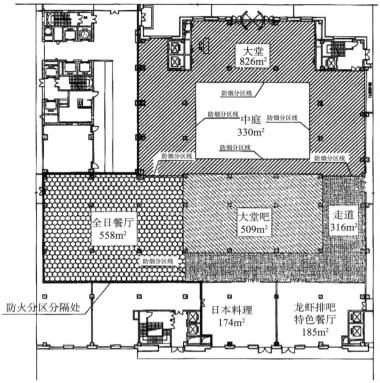

附图1 一层建筑平面图

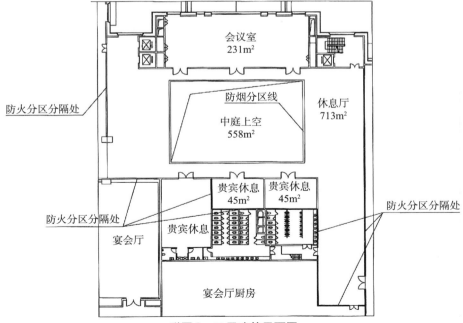

附图2 二层建筑平面图

大堂：

$$V_{1-1} = 826 \times 60 = 49560 \mathrm{m^3/h}$$

全日餐厅：

$$V_{1-2} = 558 \times 60 = 33480 \mathrm{m^3/h}$$

大堂吧：

$$V_{1-3} = 509 \times 60 = 30540 \mathrm{m^3/h}$$

日本料理：

$$V_{1-4} = 174 \times 60 = 10440 \mathrm{m^3/h} \ （取 15000 \mathrm{m^3/h}）$$

龙虾排吧特色餐厅：

$$V_{1-5} = 185 \times 60 = 11100 \mathrm{m^3/h} \ （取 15000 \mathrm{m^3/h}）$$

走道长边小于36m，最小净宽5.6m，根据现行国家标准《建筑防烟排烟系统技术标准》第4.6.3条第4款的规定，走道的排烟量计算如下：

$$V_{1-6} = 316 \times 60 = 18960 \mathrm{m^3/h}$$

（2）计算二层各防烟分区的排烟量。

休息厅：

$$V_{2-1} = 713 \times 60 = 42780 \mathrm{m^3/h}$$

会议室：

$$V_{2-2} = 231 \times 60 = 13860 \mathrm{m^3/h} \ （取 15000 \mathrm{m^3/h}）$$

中庭：

$$V_{2-3} = 2 \times 49560 = 99120 \mathrm{m^3/h} \ （取 107000 \mathrm{m^3/h}）$$

将上述计算结果汇总于附表1。

附表1　各防烟分区排烟量计算结果汇总

防烟分区编号	对应房间名称	房间建筑面积（m²）	计算排烟量（m³/h）
防烟分区1	一层大堂	826.0	49560
防烟分区2	一层全日餐厅	558.0	33480
防烟分区3	一层大堂吧	509.0	30540
防烟分区4	一层日本料理	174.0	15000
防烟分区5	一层龙虾排吧特色餐厅	185.0	15000
防烟分区6	一层走道	316.0	18960
防烟分区7	二层休息厅	713.0	42780
防烟分区8	二层会议室	231.0	13860
防烟分区9	中庭	330.0	107000

附录二

建筑消防设施检测评定规程（摘录）

（DB11/1354—2016 北京市地方标准）

1 范围

本标准规定了建筑消防设施检测项目、要求、方法及检测评定规则。

本标准适用于建筑消防设施的检测评定。

本标准不适用于生产和贮存火药、炸药、火工品等有爆炸危险场所的建筑消防设施的检测评定。

2 规范性引用文件

下列文件对于本文件的应用是必不可少的。凡是注日期的引用文件，仅所注日期的版本适用于本文件。凡是不注日期的引用文件，其最新版本（包括所有的修改单）适用于本文件。

GB/T 14107 消防基本术语　第二部分

GB 50016 建筑设计防火规范

GB 50166 火灾自动报警系统施工及验收规范

GB 50219 水喷雾灭火系统技术规范

GB 50257 爆炸和火灾危险环境电气装置施工及验收规范

GB 50261 自动喷水灭火系统施工及验收规范

GB 50263 气体灭火系统施工及验收规范

GB 50281 泡沫灭火系统施工及验收规范

GB 50347 干粉灭火系统设计规范

GB 50444 建筑灭火器配置验收及检查规范

GB 50498 固定消防炮灭火系统施工与验收规范

GB 50877 防火卷帘、防火门、防火窗施工及验收规范

GB 50898 细水雾灭火系统技术规范

GB 50974 消防给水及消火栓系统技术规范

GA 503 建筑消防设施检测技术规程

GA 836 建设工程消防验收评定规则

GA 1157 消防技术服务机构设备配备

3 术语和定义

GB/T 14107 确立的以及下列术语和定义适用于本文件。

3.1 建筑消防设施 fire facilities in building

建筑物、构筑物中设置的用于火灾报警、灭火、人员疏散、防火分隔、灭火救援行动等设施的总称。

3.2 单项 individual system of fire facilities in building

由若干使用性质或功能相近的子项组成的涉及消防安全的项目。如火灾自动报警系统、自动喷水灭火系统、防排烟系统、防火防烟分隔等。

3.3 子项 subassembly of fire facilities in building

组成防火设施、灭火系统或使用性能、功能单一的涉及消防安全的项目。如火灾探测器、洒水喷头、排烟风机、防火门等。

3.4 检测参数 detecting parameter

描述子项合格程度的特征或量值,简称参数。一个子项可能包含一个或多个检测参数,如探测器报警功能、洒水喷头安装间距、排烟风机启动功能、防火门规格等。

3.5 综合评定 comprehensive assessment

依据资料审查和各单项检查结果做出的检测结论。

3.6 最不利点(处)the most unfavourable point

对于某一存在下限值的特定参数,在指定范围或系统内,当某一点(处)若不低于下限值时,则其他任一点(处)均不低于下限值,该点(处)即为该范围或系统内这一特定参数的最不利点(处)。如对于楼梯间的余压值,在仅为防烟楼梯间设置的机械加压送风系统中,距离加压风机最远的楼梯间称为最不利点(处)。

3.7 最有利点(处)the most favourable point

对于某一存在上限值的特定参数,在指定范围或系统内,当某一点(处)若低于上限值时,则其他任一点(处)均低于上限值,该点(处)即为该范围或系统内这一特定参数的最有利点(处)。如对于楼梯间的余压值,在仅为防烟楼梯间设置的机械加压送风系统中,距离加压风机最近的楼梯间称为最有利点(处)。

4 评定规则

4.1 一般原则

现场抽样检查及功能测试应按照参数评定、子项评定、单项评定的顺序进行。

4.2 参数评定

4.2.1 参数应按其在消防安全中的重要程度分为 A(关键项目)、B(主要项目)、C(一般项目)三类。

4.2.2 各有关技术标准中对于检测项有具体规定的服从其规定,没有规定的服从下列规则:

a)A 类是指有关技术标准强制性条文规定的内容;

b）B类是有关技术标准中带有"严禁"、"必须"、"应"、"不应"、"不得"要求的非强制性条文规定的内容；

c）C类是指有关技术标准中带有"宜"、"不宜"、"可"要求的非强制性条文规定的内容。

4.2.3 参数内容符合消防技术标准和消防设计文件要求的，评定为合格；

4.2.4 有距离、宽度、长度、面积、厚度等要求的参数，其误差不超过5%，且不影响正常使用功能的，评定为合格；

4.2.5 参数名称为系统功能的，满足设计文件要求并能正常实现的，评定为合格；

4.2.6 未按照消防设计文件施工建设，造成参数内容缺少或与设计文件严重不符、影响建设工程消防安全功能实现的，评定为不合格。

4.3 子项评定

4.3.1 满足下列条件的，子项评定为合格，否则为不合格：

a）抽查发现 A类不合格参数为0处；

b）抽查发现 B类不合格参数的数量累计不大于4处；

c）抽查发现 C类不合格参数的数量累计不大于8处。

4.4 单项评定

4.4.13 防排烟系统

单项检测合格判定应为：A＝0，且B≤2，且B＋C≤6为合格，否则为不合格。

4.5 综合评定

消防检测的综合评定结论分为合格和不合格。建筑工程的所有单项均评定为合格的应综合评定为消防检测合格；有任一单项评定为不合格的应综合评定为消防检测不合格。

5 检测项目、要求及方法

5.12 防烟排烟系统

5.12.1 控制柜

技术要求：应有注明系统名称和编号的标志；仪表、指示灯显示应正常，开关及控制按钮应灵活可靠；应有手动、自动切换功能且能可靠切换。

重要程度：B

抽检方法：全数检查。

检测方法：对照设计，操作、直观检查。

5.12.2 风机

技术要求：位置正确，安装牢固；风机的铭牌清晰，技术指标应符合设计要求。风机上应有注明系统名称和编号的清晰标志；传动皮带的防护罩、新风入口的防护网应完好；启动运转平稳，叶轮旋转方向正确，无异常振动与声响。

重要程度：B

抽检方法：全数检查。

检测方法：对照设计，操作、观察检查。

5.12.3 送风口、排烟阀或排烟口

技术要求：

a）风口表面应平整，安装位置正确、安装牢固，有效面积符合设计要求；

b）送风口、排烟阀或排烟口应能正常手动开启和复位，阀门关闭严密，动作信号应在消防控制室显示。

重要程度：C

抽检方法：各系统按30%抽查。

检测方法：对照设计，操作、观察检查。

5.12.4 防火阀

技术要求：

a）下列位置的防火阀设置应符合设计要求；

1）穿越防火分区处；

2）穿越通风、空气调节机房的房间隔墙和楼板处；

3）穿越重要或火灾危险性大的场所的房间隔墙和楼板处；

4）穿越防火分隔处的变形缝两侧；

5）竖向风管与每层水平风管交接处的水平管段上。

b）设置防火阀的规格型号应符合设计要求；

c）进行手动关闭、复位试验，阀门动作应灵敏、可靠，关闭应严密。

重要程度：B

抽检方法：各系统按30%抽查。

检测方法：对照设计，操作、直观检查。

5.12.5 挡烟垂壁、排烟窗

技术要求：

a）查看外窗开启方式，测量开启面积应符合设计要求；

b）活动挡烟垂壁、自动排烟窗应能正常手动开启和复位，动作信号应在消防控制室显示。

重要程度：B

抽检方法：各系统按30%抽查。

检测方法：对照设计，操作、直观检查。

检测器具：卷尺。

5.12.6 风管

技术要求：风管表面应平整、无损坏；接管合理，风管的连接以及风管与风机的连接，应无明显缺陷。

重要程度：C

抽检方法：各系统按30%抽查。

检测方法：对照设计，直观检查。

5.12.7 支吊架

技术要求：风管的支、吊架型式、位置及间距应符合要求。

重要程度：C

抽检方法：各系统按 30% 抽查。

检测方法：对照设计，尺量、直观检查。

检测器具：卷尺、激光测距仪。

5.12.8 系统功能

5.12.8.1 自然通风及自然排烟

技术要求：

a）防烟楼梯间及其前室、消防电梯前室、合用前室可开启外窗的面积；

b）内走道可开启外窗的面积；

c）需要排烟的房间可开启外窗的面积；

d）中庭可开启的顶窗和侧窗的面积；

e）避难层（间）可开启外窗或百叶窗的面积。

重要程度：A

抽检方法：全数检查。

检测方法：对照设计，尺量、直观检查。

检测器具：卷尺、激光测距仪。

5.12.8.2 联动功能

技术要求：接到火灾报警信号后，根据设计模式，相应系统及部位的送风机启动、送风口开启，排烟风机启动、排烟阀或排烟口开启，自动排烟窗开启到符合要求的位置，活动挡烟垂壁下降到设计高度，有补风要求的补风机、补风口开启；各部件、设备动作状态信号在消防控制室显示。

重要程度：A

抽检方法：全数检查。

检测方法：对照设计，操作、观察检查。

5.12.8.3 机械防烟系统压差

技术要求：前室、合用前室、消防电梯前室、封闭避难层（间）与走道之间的压差应符合要求；封闭楼梯间、防烟楼梯间与走道间压差应符合设计要求；从走廊到前室再到楼梯间的余压值应依次呈递增分布。

重要程度：A

抽检方法：各系统全数检查。

检测方法：在保护区域的顶层、中间层及最下层模拟火灾，打开送风口，联动启动加压送风机，当封闭楼梯间、防烟楼梯间、前室、合用前室、消防电梯前室及封闭避难层（间）门全闭时，测试该层的防烟楼梯间、前室、合用前室、消防电梯前室及封闭避难层（间）与走道间的压差。

检测器具：数字微压计。

5.12.8.4 机械防烟系统门洞风速

技术要求：按规范条件下开启疏散门，测试各门洞处的风速不应小于 0.7m/s。

重要程度：B

抽检方法：各系统全数检查。

检测方法：

a）对于地上楼梯间，当机械加压送风系统负担层数小于15层时，同时打开模拟着火楼层及其上一层楼梯间的防火门；

b）对于机械加压送风系统负担层数大于等于15层时，同时打开模拟着火楼层及其上、下一层楼梯间的防火门；

c）对于地下楼梯间，同时打开模拟着火楼层楼梯间的防火门；

d）在开启的门洞处模拟划分3等分区块，分别测试每个区块中间位置的风速后取平均值。

检测器具：数字风速计。

5.12.8.5　机械排烟系统排烟量

技术要求：内走道排烟量；需要排烟的房间排烟量；中庭的排烟量；地下车库的排烟量应符合设计要求。

重要程度：A

抽检方法：按设计在每个系统中选择顶层、中间层及最下层防烟分区全数检查。

检测方法：

a）查阅设计文件，明确各系统顶层、中间层及最下层防烟分区的面积、设计排烟量及相应防烟分区内的排烟风口位置和数量；

b）分别测量待测防烟分区内全部排烟风口的排烟量，按下面的方法检测风口排烟量：

1）测量排烟风口的风速：

——小截面风口（风口面积小于$0.3m^2$），可采用5个测点；

——当风口面积大于$0.3m^2$时，对于矩形风口，按风口断面的大小划分成若干个面积相等的矩形，测点布置在每个小矩形的中心，小矩形每边的长度为200mm左右；对于条形风口，在高度方向上至少安排两个测点，沿其长度方向上可取（4～6）个测点；对于圆形风罩，并至少取5个测点，测点间距≤200mm；

——若风口气流偏斜时，可临时安装一截长度为（0.5～1.0）m，断面尺寸与风口相同的短管进行测定。

2）按下列公式计算排烟风口的平均风速：

$$Vp = （V1 + V2 + V3 + \cdots\cdots Vn）/n \qquad （1）$$

式中：

Vp——风口平均风速，单位为米/秒（m/s）；

V1、V2、V3……Vn——各测点风速，单位为米/秒（m/s）；

n——测点总数。

3）按下列公式计算排烟量：

$$L = 3600 Vp \cdot F \qquad (2)$$

式中：

L——排烟量，单位为立方米每小时（m³/h）；

Vp——排烟口平均风速，单位为米每秒（m/s）；

F——排烟口的有效面积，单位为平方米（m²）。

4）将待测防烟分区内的全部排烟风口风量相加或按公式（2）计算待测防烟分区单位面积的排烟量，与设计参数相比较。

检测器具：数字风速仪、卷尺、激光测距仪。